射频涡旋电磁波
产生技术

GENERATION TECHNIQUE OF ELECTROMAGNETIC
VORTEX WAVES IN RADIO-FREQUENCY

余世星　寇　娜　著

重庆大学出版社

内容提要

在信息传输速率已接近香农极限的今天,紧缺、有限的频谱资源与人们日益增长的通信速率需求是一对难以调和的矛盾。涡旋电磁波通信技术,作为一种可以在频谱资源有限的情况下进一步提升频谱利用率的新技术,近年来引起了国内外学者们的广泛关注。本书主要论述了射频涡旋电磁波的产生方法,主要内容包括:射频涡旋电磁波概论,轨道角动量涡旋电磁场的理论基础,基于平面阵列天线的涡旋电磁波产生方法,基于共形阵列天线的涡旋电磁波产生方法,基于人工电磁表面天线的涡旋电磁波产生方法,射频涡旋电磁波方向图的分析与综合。本书有望对涡旋电磁通信技术(6G 通信潜在技术)、涡旋雷达(新体制雷达)技术产生积极且重要的影响。

本书可供电磁场与微波技术的硕士和博士研究生以及从事天线、涡旋电磁通信、涡旋雷达的技术人员参考。

图书在版编目(CIP)数据

射频涡旋电磁波产生技术 / 余世星,寇娜著. -- 重庆:重庆大学出版社,2023.3

ISBN 978-7-5689-3796-2

Ⅰ. ①射… Ⅱ. ①余… ②寇… Ⅲ. ①射频—电磁波—研究 Ⅳ. ①O441.4

中国国家版本馆 CIP 数据核字(2023)第 044932 号

射频涡旋电磁波产生技术
SHEPIN WOXUAN DIANCIBO CHANSHENG JISHU

余世星 寇 娜 著

策划编辑:苟荟羽

责任编辑:文 鹏 版式设计:苟荟羽

责任校对:谢 芳 责任印制:张 策

*

重庆大学出版社出版发行

出版人:饶帮华

社址:重庆市沙坪坝区大学城西路 21 号

邮编:401331

电话:(023) 88617190 88617185(中小学)

传真:(023) 88617186 88617166

网址:http://www.cqup.com.cn

邮箱:fxk@cqup.com.cn(营销中心)

全国新华书店经销

重庆升光电力印务有限公司印刷

*

开本:720mm×1020mm 1/16 印张:9.25 字数:162 千

2023 年 5 月第 1 版 2023 年 5 月第 1 次印刷

ISBN 978-7-5689-3796-2 定价:78.00 元

前 言

目前，所有无线电技术都是以平面波的传播为基础的。在信息传输速率已接近香农极限的今天，紧缺、有限的频谱资源与人们日益增长的通信速率需求是一对难以调和的矛盾。涡旋电磁波通信技术，作为一种可以在频谱资源有限的情况下进一步提升频谱利用率的新技术，近年来引起了国内外学者们的广泛关注。

携带有轨道角动量(Orbital Angular Momentum，OAM)的涡旋电磁波作为一种非平面波传播方式，因具有 $\exp(il\varphi)$ 形式的螺旋相位因子，而体现出新的自由度。理论上，OAM 在任意频率下都具有无穷多种互不干扰的正交模态，即在一个已知的、有限的带宽下，拥有无限个信道，这为解决无线电频段拥塞问题提供了新的思路。在传统调幅、调频、调相的基础上加入 OAM 调制技术方法，可以提高电磁波的信息调制能力，进而提升频谱效率与通信容量。OAM 作为电磁波理论中一个尚未充分利用的物理量，在物理层提供了一个新的信息调制维度，在通信技术中具有很大的应用前景，同时在雷达成像领域也表现出提高分辨率的应用潜力。如今 OAM 已成为国内外无线通信、微波技术、雷达技术中的研究热点。射频涡旋电磁波产生技术是近年来国内外电磁学和通信领域的研究热点。瑞典、意大利、日本、韩国等国的多个著名大学和研究机构都开展了广泛的研究工作，我国科研人员也在射频涡旋电磁波相关研究领域取得了许多重要成果。2019 年，我国工业和信息化部召开第六代移动通信工作研讨会，将轨道角动量作为六项 6G 备选关键技术之一，列入国家未来三年重点研究计划，并成立了相应的 OAM 技术任务组。2020 年，清华大学、北京邮电大学、北京交通大学、中国联通、中兴通讯、中科院联合发布的《6G 无线热点技术研究白皮书》指出，涡旋电磁波作为一种潜在的 6G 技术方案，具有重要的应用前景。

　　作者在西安电子科技大学攻读博士学位期间,在李龙教授的指导下开始对基于人工电磁超表面的涡旋电磁波产生技术开展了研究工作,在此对李龙教授的悉心指导表示由衷感谢。后来,作者在贵州大学工作期间,对基于阵列天线的涡旋电磁波产生、基于共形天线的涡旋电磁波产生以及涡旋电磁波的分析与综合方法等方面做了一定的研究工作。本书的主要内容以作者及所在课题组完成的工作为主,部分内容参考了作者指导的硕士研究生蒋基恒、付犇、汪恒的学位论文,此外,基础理论部分还参考了国内外部分相关文献,在此一并表示感谢。

　　本书内容分为 6 个章节。第 1 章重点介绍了涡旋电磁波的研究背景及意义。第 2 章简要介绍了涡旋电磁场的基本理论。第 3 章讨论了基于平面阵列天线的涡旋电磁波产生技术。第 4 章讨论了基于共形阵列的涡旋电磁波产生技术。第 5 章讨论了基于人工电磁超表面的涡旋电磁波产生方法。第 6 章讨论了涡旋电磁波的分析与综合方法。

　　本书的研究工作获得了国家自然科学基金项目:"人工电磁表面在涡旋电磁波调控中的关键技术研究"(批准号:61961006)和"涡旋电磁波的副瓣和发散角控制技术研究"(批准号:62261007)的资助,在此表示感谢。

　　由于作者水平有限,书中难免存在不足之处,敬请读者批评指正。

作　者

2022 年 10 月于贵州大学

目　录

第1章　射频涡旋电磁波概论

在信息传输速率已接近香农极限的今天，紧缺有限的频谱资源与人们日益增长的通信速率需求是一对难以调和的矛盾。涡旋电磁波通信技术，作为一种可以在频谱资源有限的情况下进一步提升频谱利用率的新技术，近年来引起了国内外学者们的广泛关注。

携带有轨道角动量(Orbital Angular Momentum，OAM)的涡旋电磁波作为一种非平面波传播方式，因具有 $\exp(il\varphi)$ 形式的螺旋相位因子，而体现出新的自由度。理论上，OAM 在任意频率下都具有无穷多种互不干扰的正交模态，即在一个已知的、有限的带宽下，拥有无限个信道，这为解决无线电频段拥塞问题提供了新的思路。在传统调幅、调频、调相的基础上加入 OAM 调制技术方法，可以提高电磁波的信息调制能力，进而提升频谱效率与通信容量。OAM 作为电磁波理论中一个尚未充分利用的物理量，在物理层提供了一个新的信息调制维度，在通信技术中具有很大的应用前景，同时在雷达成像领域也体现出提高分辨率的应用潜力，如今已成为国内外无线通信、微波技术、雷达技术中的研究热点[1]。

1.1　涡旋电磁波的基本概念

根据电动力学的基本理论，电磁波辐射时不仅携带能量，同时也携带动量，而动量又分为线动量和角动量,线动量密度 $p = \varepsilon_0 E \times B^*$,与力学中的情况类似,电磁波的角动量密度 $\mathrm{d}J/\mathrm{d}V$ 与线动量密度 p 存在关系 $\mathrm{d}J/\mathrm{d}V = r \times p$,其中 r 是位置矢量,E 和 B 分别为电场强度和磁感应强度。电磁波的角动量 J 可进一步写为

$$J = \varepsilon_0 \int_V r \times \mathrm{Re}\{E \times B^*\} \mathrm{d}V \qquad (1.1)$$

研究表明,电磁波的角动量在微观层面具有一定的力学效应,可以使传播路径上的粒子发生转动,这种力矩作用进一步衍生出了"光镊"和"光学扳手"等技术。电磁波的角动量进一步细分,又可以分为两个部分,一个被称为自旋角动量(Spin Angular Momentum, SAM),另一个则被称为轨道角动量(Orbital Angular Momentum, OAM)。为了简化分析,通常用 S 和 L 分别对它们进行表示,即 $J = S + L$,

$$S = \varepsilon_0 \int_V \mathrm{Re}\{E^* \times A\} \mathrm{d}V \qquad (1.2)$$

$$L = \varepsilon_0 \int_V \mathrm{Re}\{jE^* (\hat{L} \cdot A)\} \mathrm{d}V \qquad (1.3)$$

其中,$\hat{L} = j(r \times \nabla)$ 是轨道角动量算子。可以发现,自旋角动量 S 是一个与位置无关的量,当电磁波为线极化时,由于电场 E 和矢位 A 同向,故有 $S = 0$,同理可知左旋圆极化和右旋圆极化分别对应 $S = -1$ 和 $S = +1$,因此自旋角动量 S 主要描述电磁波极化这一固有特征;而轨道角动量 L 则是一个与位置相关的量,它的取值与波前相位密切相关。在光学中,人们常采用量子化的方法进行描述,σh 描述自旋角动量,其中 σ 是自旋角动量的模式数,当极化状态为左旋或右旋圆极化时,σ 的取值分别为 -1 和 $+1$。当波前相位含有指数因子 $e^{jl\varphi}$ 时,数学上可使用 lh 表示轨道角动量,其中 φ 是极坐标下的方位角度值,l 是轨道角动量的模式数,取值可以是任意整数[2]。从图 1.1 可以看到,在空间中传输的平面电磁波,其 OAM 模式为 $l = 0$,波前形状不随传播而变化,且中心能量最大;而对于 OAM 模式数 $l \neq 0$ 的电磁波,其波前形状为阶梯步进的螺旋结构,同时中心有一个能量空洞,因此被人们称为涡旋电磁波。

电磁波的自旋角动量的表象是波的极化方式,即左旋圆极化和右旋圆极化,其正交状态是有限的。与之不同的是,轨道角动量的正交态理论上是无限的[3]。近几年,携带有轨道角动量的激光波束被用于空间光通信领域[4],多路复用的轨道角动量通信系统已经达到了 1.37 Tbit/s,频谱效率达到了 25.6(bit/s)/Hz[5]。涡旋电磁波可作为一种全新的传播信息载体,根据资料检索,目前已有利用 OAM 形成非平面结构的电磁波场通信的理论和技术的研究初步结果[6-11]。尽管 OAM 在实

际应用过程中还有很多问题有待深入研究,但以其为代表的电磁涡旋通信理论和技术是未来通信系统发展方向,具有广阔的应用前景。若能通过先进的调制技术手段,可以实现:在同一频率下,利用不同模式,调制不同的信号,对电磁波的结构进行编码,同时发射信号,极大提高了频谱利用率。从中可知,理论上,轨道角动量在一个已知的、有限的带宽下,拥有无限个信道,为解决无线电频段拥塞问题提供了可能。进一步说,在传统调幅、调频、调相的基础上加入 OAM 调制技术方法,可进一步改善通信容量。如何在微波、毫米波频段利用轨道角动量实现高速率、多轨道角动量模态复用、高频谱利用率通信成为这一领域的一个研究热点。

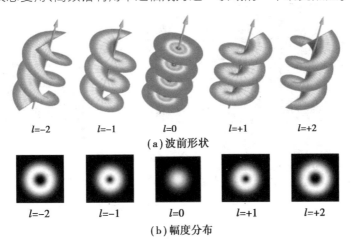

$l=-2$ $l=-1$ $l=0$ $l=+1$ $l=+2$

(a)波前形状

$l=-2$ $l=-1$ $l=0$ $l=+1$ $l=+2$

(b)幅度分布

图 1.1　不同 OAM 的模式

1.2　射频涡旋电磁波技术的发展状况

轨道角动量的发现可以追溯到 1992 年,荷兰物理学家 L. Allen 率先发现拉盖尔-高斯(Laguerre-Gaussian, LG)光束携带有 $\exp(jl\varphi)$ 的相位因子,并证明了 LG 激光束携带轨道角动量[12]。早期关于 OAM 波束的研究主要集中于光学领域。光相对于微波来说,由于光的波长更短,其粒子性更加显著,所以光学 OAM 更容易被人们发现和利用。如今,涡旋光通信已经成为光学领域的研究热点,大量实验已证实通过引入 OAM 可以大幅提高光通信的频谱利用率。相比光学领域,微波频段的轨道角动量相关研究的发展要相对滞后一些。2007 年,瑞典空间物理研究所 Bo Thidé 等人首次将涡旋电磁波从光波段移植到射频波段,他们提出利用环形阵列天线在射频/微波频段也能得到具有类似于光学涡旋的波束,这项开创性工作为射频 OAM 的研究打开了大门[7]。但是,当时有学者认为,较低频率的涡旋电磁波无法像光学涡旋那样被完全接收和探测,因此无法实际应用于通信中。

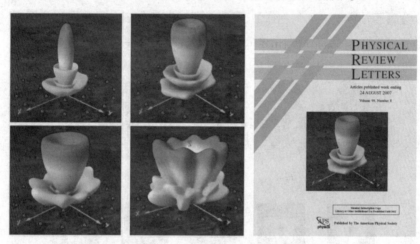

图 1.2　Bo Thidé 等人提出的电磁涡旋产生方案

　　2010 年,瑞典空间物理研究所 S. M. Mohammadi 等人对涡旋电磁波的接收方案进行了细致的仿真研究,提出了一种基于涡旋电磁波的部分接收和探测方法。该方法不需要接收整个涡旋波束,而是通过检测部分波束的相位差来进行 OAM 的探测[10]。2011 年,在意大利水城威尼斯,Bo Thidé 等人成功利用涡旋电磁波进行了远达 442 m 的通信实验,证实了在实际环境下,通过对不同 OAM 模态的涡旋电磁波进行编码,即可在同一频率同时传输多路信息的理论[11]。该实验证实了通过对 OAM 模态进行编码可以在同一信道同时传输多路信号,这为射频涡旋电磁通信技术奠定了基础。

　　2011 年,《自然·物理》对射频涡旋电磁通信技术做了重要评述,发表了题为"涡旋电磁波有望带来通信技术革命"(*Spiralling radio waves could revolutionize tele-communications*)的报道[13],称涡旋电磁波有望大幅拓宽移动电话、数字电视以及其他通信技术的可用带宽,这无疑将对当今的无线通信理论产生颠覆性技术革新。如今,随着大数据业务的推广,人们对频谱资源的利用已接近香农极限,要想扩充现有的通信信道容量已变得十分困难,因此借助涡旋电磁波技术来解决这一问题显得举足轻重。而 Bo Thidé 等人成功地将光学 OAM 技术移植到微波射频段,这为微波无线通信技术提供了一个新的发展思路。

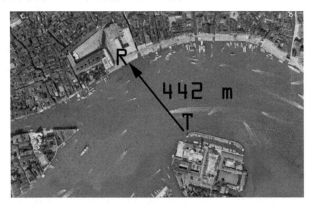

图 1.3　Bo Thidé 等人成功实现了远达 442 m 的涡旋电磁波通信实验

从最近几年的文献调研中可以看到,国内针对涡旋电磁波的相关研究呈"井喷"之势,大量研究成果频频亮相。在人工电磁表面调控涡旋电磁波方面较有代表性的成果有,东南大学崔铁军院士团队提出了数字化编码人工电磁表面产生涡旋电磁波的新方法[14],以及利用 SPP 实现在不同频率产生不同 OAM 模态的新方法[15];浙江大学沙威教授等人提出利用人工电磁表面在微波频率产生 OAM 波束[16]以及探测 OAM 模态的方法[17];空军工程大学许河秀教授等人提出利用 Pan-charatnam-Berry 人工电磁表面可以产生宽带的涡旋电磁波[18];南京大学冯一军教授提出了基于反射型人工电磁表面的 OAM 锥形波束产生方法[19];西安交通大学张安学教授提出采用有源人工电磁表面产生多模态 OAM 涡旋电磁波的方法[20]。在 OAM 涡旋波束扫描方面,国防科技大学的王宏强教授等人较早开展了相关的研究工作[21],浙江大学郑史烈教授等人实现了基于平面螺旋的 OAM 涡旋电磁波的波束扫描[22],重庆邮电大学的研究人员也提出了使用环形阵列实现 OAM 波束扫描的时间调制方法[23]。

目前,OAM 涡旋电磁波相关技术已成为各国竞相争夺的技术制高点之一。日本内政和通信部(MIC, Ministry of Interior and Communications)委托日本电气股份有限公司(NEC, Nippon Electronic Company)和日本移动通信公司(NTT, Nippon Telegraph and Telephone Corporation)等多家单位联合推广 OAM 在 5G 和 B5G 的工程化应用。2018 年 12 月,NEC 首次成功演示了在 80 GHz 频段内,超过 40 m 的 OAM 模态复用实验(采用 256 正交幅度调制、8 个 OAM 模态复用),其主要面向于点对点的回程应用。NTT 在 2018 年和 2019 年成功演示了 OAM 模态的 11 路复用技术实验,并在 10 m 的传输距离下实现了 100 Gbit/s 的传输速率。2019 年,韩国科学院面向未来无线通信应用,将 OAM 应用于 6G 移动通信中,同时也制订了关于 OAM 量子态传输的国家级重点课题,计划支持到 2026 年。2014 年,国家重点基础研究发展计划(973 计划)启动了"基于光子轨道角动量(OAM)的新型通信体制基础研究"项目,经过 4 年的努力,中山大学、清华大学、华中科技大学、烽火通信科技股份有限公司、浙江大学和北京理工大学等单位的多位研究学者,如余思远、孙长征、王健、章献民、李诗愈等,围绕"OAM 电磁波发射、传播、接收""信息在不同 OAM 电磁波的加载、传输、卸载""多个 OAM 电磁波束的结合、共同传输、分离"等环节中的关键科学问题开展了系统而深入的研究,取得了一批原始性创新成果,在国际上产生了重要影响。2016 年 8 月,"十三五"装备预研领域基金第一批指南中将"基于新型人工电磁材料的涡旋电磁波通信天线技术"作为了独立的研究课题,《2019 年国家自然科学基金项目申报指南》中也将"电磁涡旋通信"列为倾斜支持和鼓励研究领域,这说明涡旋电磁波相关研究无论是在国防还是国民经济中,均有着诱人的应用潜力。2019 年,我国工业和信息化部召开第六代移动通信工作研讨会,将轨道角动量作为六项 6G 备选关键技术之一,列入国家未来三年重点研究计划,并成立了相应的 OAM 技术任务组。2020 年,清华大学、北京邮电大学、北京交通大学、中国联通、中兴通讯、中科院联合发布的《6G 无线热点技术研究白皮书》指出,涡旋电磁波作为一种潜在的 6G 技术方案,具有重要的应用前景[24]。

将 OAM 参数维度用于通信系统中,有望大幅度提高通信系统的频谱效率和容量,满足未来通信容量增长需求。把 OAM 参数维度用于雷达系统中,可实现基于涡旋电磁波体制的新型雷达,这有望提高雷达系统的反隐身能力。基于以上国内外关于该领域的发展现状可知,在微波、毫米波领域,设计高效的电磁涡旋波束发射天线仍然具有很高的研究价值。通过对国内外研究现状的跟踪调研可以看出,目前人们对涡旋电磁波束的研究正处于完善理论的阶段,还有一些极具挑战的科学问题亟待探明,如涡旋电磁波的波束扫描技术、共形载体的涡旋电磁波产生方法以及如何同时产生多个 Bessel 无衍射涡旋波束等。此外,目前涡旋电磁波还存在一些重要科学问题亟待解决,如波束发散角和副瓣电平的控制与综合问题。值得指出的是,作者对人工电磁表面调控涡旋电磁波方面进行了一定的工作,提出了使用反射型人工电磁表面产生涡旋电磁波的方法[25],并实现了利用单个电磁表面同时产生多个涡旋电磁波的方法[26],利用人工电磁表面实现了极化正交涡旋电磁波的产生[27],并进一步探索了 Bessel 涡旋电磁波的产生方法[28],针对基于人工电磁表面的混合模态涡旋电磁波检测和接收做了初步探索[29];讨论了平面阵列天线在涡旋电磁波大角度扫描时的方向图畸变现象[30],并利用球面共形相控阵方案成功解决了这一问题[31];实验验证了共形阵列天线[32]、共形人工电磁表面[33]、共形人工阻抗表面[34]应用于涡旋电磁波调控的可行性;此外,还提出了基于贝利斯差方向图函数的低副瓣涡旋电磁波综合方法[35]。为了及时总结 OAM 涡旋电磁波的相关理论,本书将重点讨论涡旋电磁波的产生技术,旨在形成系统的涡旋电磁波产生技术方案,使产生的涡旋波束具备低副瓣、发散角稳定、增益可控等特性,为未来电磁涡旋通信和涡旋雷达技术提供理论参考。

1.3 射频涡旋电磁波的产生方法概述

如今,OAM 涡旋电磁波已引起了国内外研究学者们的广泛关注,多种产生方法相继被提出。在微波射频波段产生涡旋电磁波,常用的有三种方法,分别是透射型螺旋相位板、螺旋反射面和环形阵列天线。下面分别对这三种方法的优缺点进行简要介绍。

1.3.1 螺旋相位板

在产生 OAM 涡旋电磁波的方案中,透射型螺旋相位板(SPP,Sprial Phase Plate)的应用最为广泛,如图 1.4 所示。当常规平面电磁波通过螺旋相位板时,由于螺旋相位板不同位置处的介质厚度不同,不同位置处的透射波有特定的波程差,以改变透射波的波前相位,进而形成具有 $\exp(-jl\varphi)$ 的螺旋相位因子。这种方法能够将常规的平面电磁波转换为携带有 OAM 的涡旋电磁波,其中厚度 d 与 OAM 模态 l 的关系为 $d=l\lambda/(n-1)$,n 是相位板介质的折射率。这种方法来源于光学,特点是理论清晰,结构简单,易于实现,而且对来波极化不敏感,根据波源极化的不同,可用于产生线极化、双极化以及圆极化的涡旋电磁波。然而,由于射频微波波段的波长较大,导致透射型螺旋相位板的尺寸往往很大。例如当频率为 1 GHz 时,波长为 30 cm,常用的介质 $n=1.5(\varepsilon=2.2)$。对于模态 $l=2$,利用厚度与模态的关系可得 $d=1.2$ m。对于如此厚的介质板,不但成本高、体积大,而且笨重。同时,由于介质的存在导致波阻抗不匹配,很大一部分入射波功率会被反射损失掉,因此产生的涡旋波束的效率很低,不利于远距离传输。

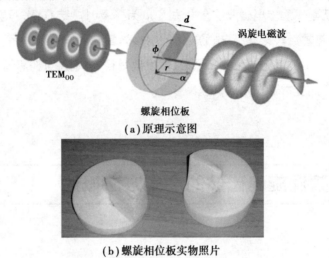

(a)原理示意图

(b)螺旋相位板实物照片

图 1.4　螺旋相位板产生 OAM 涡旋电磁波

1.3.2　螺旋反射面

用于产生 OAM 涡旋电磁波的螺旋反射面结构可分两类,一类是螺旋抛物面[图 3.3(a)],另一类是阶梯型反射面[图 3.3(b)]。这些方法基于几何光学原理,当馈源天线发出的常规电磁波束照射到螺旋反射面上时,由于螺旋反射面具有特殊的螺旋几何结构,使得反射波束的波前具有特定的螺旋相位分布。使用螺旋反射面产生 OAM 涡旋电磁波具有很多优点,由于是金属反射结构,它克服了透射型螺旋相位板的介质传输损耗;同时,原理简单,容易设计,波束转换效率高,因此也最早被 Bo Thide 等人用于 OAM 通信实验的原理验证。螺旋反射面的缺点也是显而易见的。对于螺旋抛物反射面来说,这种特殊的曲面加工较为困难,曲面各个位置处的曲率均有特殊要求,因此需要很高的加工精度,而阶梯型反射面体积较大,显得十分笨重,这些问题限制了螺旋反射面的应用范围。

(a)螺旋抛物反射面　　　　(b)阶梯型反射面

图1.5　两种用于产生 OAM 涡旋电磁波的螺旋反射面

1.3.3　环形阵列天线

如今,相控阵天线技术已经十分成熟,特别是在卫星通信、遥感和雷达等领域应用十分广泛。由于相控阵天线可以灵活控制各个单元天线的馈电相位,因此也能用于产生 OAM 涡旋电磁波。环形阵列天线是相控阵天线的一种,由于可以通过简单调节阵元间相位差以产生精确的 OAM 涡旋电磁波,目前被认为是产生 OAM 涡旋电磁波最方便、最有效方法之一。只需将 N 个天线等间隔排列成一个圆环,使相邻天线间的馈电相位相差 $\Delta\Phi=\dfrac{2\pi l}{N}$,即可产生模态为 l 的 OAM 涡旋电磁波。然而,对于这类传统相控阵列天线,最令人头疼的就是需要设计复杂的馈电网络,特别是在相移器仍十分昂贵的今天,制作产生 OAM 涡旋电磁波的环形阵列天线需要很高的制作成本。值得关注的是,环形阵列天线阵元个数与可产生最大的 OAM模态存在一定数学关系,即 $|l|<N/2$。当需要产生高模态的 OAM 涡旋电磁波时,需要更多的天线阵元,这无疑增加了天线系统的复杂度,不利于大规模推广。

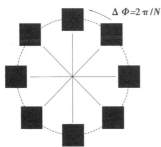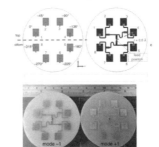

(a)环形阵列天线示意图　　(b)用于产生OAM电磁涡旋的实际天线[36]

图1.6　用于产生 OAM 涡旋电磁波的环形阵列天线

1.4　本书各章节内容安排

本书内容分为 6 个章节。第 1 章重点介绍了涡旋电磁波的研究背景及意义，对国内外发展现状做了简要分析，同时对现有产生涡旋电磁波的技术方案进行了简介。第 2 章主要介绍了涡旋电磁场的基本理论，考虑到现有电磁场与电磁波教材中很少涉及电磁场的动量及角动量理论，因此对电磁波的动量、角动量及其守恒定理的具体表达式进行了讨论。第 3 章主要讨论了基于平面阵列天线的涡旋电磁波产生技术，介绍了基于平面阵列的涡旋电磁波扫描方法。第 4 章讨论了基于共形阵列的涡旋电磁波产生技术，讨论了基于柱面、锥面以及球面阵列天线产生涡旋电磁波的方法。第 5 章详细讨论了基于人工电磁超表面的涡旋电磁波产生方法，如反射型人工电磁表面，透射型人工电磁表面，以及共形人工电磁表面产生涡旋电磁波的具体实现。第 6 章讨论了涡旋电磁波的分析与综合方法，讨论了均匀幅度分布圆口径下涡旋电磁波发散角关于 OAM 模式数和天线口径尺寸的定量关系，介绍了低副瓣涡旋电磁波束产生方法。

第2章　轨道角动量涡旋电磁场的理论基础

根据电动力学的基本理论,电磁场不仅有能量,而且有动量,而动量又分为线动量和角动量。电磁场的角动量进一步细分,又可以分为两个部分,一个被称为自旋角动量(Spin Angular Momentum,SAM),另一个则被称为轨道角动量(Orbital Angular Momentum,OAM)。自旋角动量与电磁场的极化相关,轨道角动量与波前的螺旋相位因子相关。关于轨道角动量涡旋电磁波的基本理论,瑞典空间物理研究所 Bo Thidé 等人在 *Electromagnetic Vortices:Wave Phenomena and Engineering Applications* 一书中作了详细的论述[1]。基于前人对电磁场动量和角动量相关理论的思考和研究,本章将对涡旋电磁场的基本理论进行介绍。

2.1　电磁场的能量

在电磁场与电磁波理论中,场源是电荷密度 ρ 和电流密度 J。但在一些实际情况中,电磁场对电荷和电流的作用不可忽略。理论中通常用洛伦兹力公式来描述电荷在电磁场中力的作用。考虑到电磁场对电荷有力的作用,带电粒子可以在电磁场中发生运动,所以带电粒子可以从电磁场中获得能量和动量。因此,可以说电磁场本身应具有能量和动量,且运动在电磁场中的带电粒子与电磁场之间有能量和动量的转换。参考电动力学中关于电磁场能量与动量的讨论[2],本小节将对相关理论做简要回顾。

我们可以通过讨论其他运动形态的能量与动量的变化来认识电磁场的能量和动量,下面考查电磁场与带电粒子相互作用过程中电磁能与带电粒子的机械能之间的相互转化来确定电磁场能量密度的表达式。

在电磁场中,以速度 $\boldsymbol{v}$ 运动的带电粒子(质量为 m,电量为 q)受洛伦兹力 $\boldsymbol{F}$ 作用:

$$\boldsymbol{F} = q(\boldsymbol{E} + \boldsymbol{v} \times \boldsymbol{B}) \tag{2.1}$$

其中 $\boldsymbol{E}$ 是电场强度,$\boldsymbol{B}$ 是磁感应强度。因为作用力等于动量的变化率,于是有:

$$\boldsymbol{F} = m\frac{\mathrm{d}\boldsymbol{v}}{\mathrm{d}t} = \frac{\mathrm{d}}{\mathrm{d}t}(m\boldsymbol{v}) = \frac{\mathrm{d}}{\mathrm{d}t}\boldsymbol{G}_{\mathrm{mech}} \tag{2.2}$$

其中,$\boldsymbol{G}_{\mathrm{mech}} = m\boldsymbol{v}$ 是带电粒子的机械动量。由式(2.1)与式(2.2)可得:

$$\frac{\mathrm{d}\boldsymbol{G}_{\mathrm{mech}}}{\mathrm{d}t} = q\boldsymbol{E} + q\boldsymbol{v} \times \boldsymbol{B} \tag{2.3}$$

因为带电粒子的动能 $W_{\mathrm{mech}} = \frac{1}{2}mv^2$,于是有:

$$\frac{\mathrm{d}W_{\mathrm{mech}}}{\mathrm{d}t} = m\boldsymbol{v} \cdot \frac{\mathrm{d}\boldsymbol{v}}{\mathrm{d}t} = \boldsymbol{v} \cdot \frac{\mathrm{d}}{\mathrm{d}t}(m\boldsymbol{v}) = \boldsymbol{v} \cdot \frac{\mathrm{d}\boldsymbol{G}_{\mathrm{mech}}}{\mathrm{d}t} \tag{2.4}$$

将式(2.3)代入上式,可得:

$$\frac{\mathrm{d}W_{\mathrm{mech}}}{\mathrm{d}t} = \boldsymbol{v} \cdot (q\boldsymbol{E} + q\boldsymbol{v} \times \boldsymbol{B}) = q\boldsymbol{v} \cdot \boldsymbol{E} \tag{2.5}$$

式(2.3)与式(2.5)表示单个带电粒子动量和动能关于时间的变化率。对于电荷密度为 ρ、电流密度为 $\boldsymbol{J} = \rho\boldsymbol{v}$ 的连续分布带电系统,式(2.3)与式(2.5)应改写为:

$$\frac{\partial \boldsymbol{g}_{\mathrm{mech}}}{\partial t} = \rho\boldsymbol{E} + \boldsymbol{J} \times \boldsymbol{B} \tag{2.6}$$

$$\frac{\partial w_{\mathrm{mech}}}{\partial t} = \boldsymbol{J} \cdot \boldsymbol{E} \tag{2.7}$$

其中,$\boldsymbol{g}_{\mathrm{mech}}$ 和 w_{mech} 分别为动量密度和能量密度,即代表单位体积的动量和动能。

式(2.6)与式(2.7)表明,若$\frac{\partial \boldsymbol{g}_{\text{mech}}}{\partial t}>0$,$\frac{\partial w_{\text{P}}}{\partial t}>0$,则带电系统从电磁场中获得动量和能量。根据动量守恒定律和能量守恒定律,我们可以得出结论:电磁场具有动量和能量。

在电磁场理论中,坡印廷定理是关于电磁场的能量守恒定律,它的微分形式和积分形式分别如下所示:

$$-\nabla \cdot \boldsymbol{S} = \frac{\partial}{\partial t}(w_{\text{mech}}+w_{\text{e}}+w_{\text{m}}) \qquad (2.8)$$

$$-\oint_{\Omega}\boldsymbol{S} \cdot \mathbf{n}\text{d}\Omega = \frac{\partial}{\partial t}\int_{V}(w_{\text{mech}} + w_{\text{e}} + w_{\text{m}})\,\text{d}V \qquad (2.9)$$

其中,w_{P}是连续分布电荷系统的能量密度,$w_{\text{e}}=\frac{1}{2}\boldsymbol{E} \cdot \boldsymbol{D}$是电场能量密度,$w_{\text{m}}=\frac{1}{2}\boldsymbol{H} \cdot \boldsymbol{B}$是磁场能量密度,$\boldsymbol{D}$是电位移矢量,$\boldsymbol{H}$是磁场强度,而表示电磁场的功率密度或能流密度的坡印廷矢量$\boldsymbol{S}$具体表示为:

$$\boldsymbol{S}=\boldsymbol{E}\times\boldsymbol{H} \qquad (2.10)$$

式(2.9)表明,从闭合曲面Ω流出的功率等于Ω所包围的体积V内的总能量(即带电系统的动能与电磁场能量之和)在单位时间内的减少量。

2.2　电磁场的动量

本节从坡印廷矢量关于时间的变化率和麦克斯韦方程组的两个旋度方程出发,推导电磁场与电荷系统的动量守恒方程,从而引出电磁场的动量密度和动量流密度的概念。为简单起见,我们首先讨论自由空间中的情况。

假设自由空间中存在电磁场(电场强度$\boldsymbol{E}$和磁场强度$\boldsymbol{H}$)和连续分布电荷系统(电荷密度ρ,电流密度$\boldsymbol{J}$)。将坡印廷矢量的表达式(2.10)对时间t求偏导数,有

$$\frac{\partial \boldsymbol{S}}{\partial t}=\frac{\partial}{\partial t}(\boldsymbol{E}\times\boldsymbol{H})=\frac{\partial \boldsymbol{E}}{\partial t}\times\boldsymbol{H}+\boldsymbol{E}\times\frac{\partial \boldsymbol{H}}{\partial t} \qquad (2.11)$$

由麦克斯韦方程组的两个旋度方程可得:

$$\frac{\partial \boldsymbol{E}}{\partial t} = \frac{1}{\varepsilon_0}(\nabla \times \boldsymbol{H} - \boldsymbol{J}) \tag{2.12}$$

$$\frac{\partial \boldsymbol{H}}{\partial t} = -\frac{1}{\mu_0}\nabla \times \boldsymbol{E} \tag{2.13}$$

其中 ε_0 和 μ_0 分别代表真空中的介电常数和磁导率,将以上两式代入式(2.11),可得:

$$\varepsilon_0\mu_0\frac{\partial \boldsymbol{S}}{\partial t} = \mu_0(\nabla \times \boldsymbol{H}) \times \boldsymbol{H} - \boldsymbol{J} \times \mu_0\boldsymbol{H} - \varepsilon_0\boldsymbol{E} \times (\nabla \times \boldsymbol{E}) \tag{2.14}$$

即

$$\varepsilon_0\mu_0\frac{\partial \boldsymbol{S}}{\partial t} + \boldsymbol{J} \times \boldsymbol{B} = \mu_0(\nabla \times \boldsymbol{H}) \times \boldsymbol{H} + \varepsilon_0(\nabla \times \boldsymbol{E}) \times \boldsymbol{E} \tag{2.15}$$

其中 $\boldsymbol{B}$ 为磁感应强度,根据矢量微分恒等式:

$$\nabla(\boldsymbol{X} \cdot \boldsymbol{Y}) = \boldsymbol{X} \times (\nabla \times \boldsymbol{Y}) + \boldsymbol{Y} \times (\nabla \times \boldsymbol{X}) + (\boldsymbol{Y} \cdot \nabla)\boldsymbol{X} + (\boldsymbol{X} \cdot \nabla)\boldsymbol{Y} \tag{2.16}$$

令 $\boldsymbol{X} = \boldsymbol{Y}$,则有:

$$\frac{1}{2}\nabla X^2 = \boldsymbol{X} \times (\nabla \times \boldsymbol{X}) + (\boldsymbol{X} \cdot \nabla)\boldsymbol{X} \tag{2.17}$$

即

$$(\nabla \times \boldsymbol{X}) \times \boldsymbol{X} = -\frac{1}{2}\nabla X^2 + (\boldsymbol{X} \cdot \nabla)\boldsymbol{X} \tag{2.18}$$

利用式(2.18),分别令 $\boldsymbol{X} = \boldsymbol{E}$ 和 $\boldsymbol{X} = \boldsymbol{H}$,可将式(2.15)改写为:

$$\varepsilon_0\mu_0\frac{\partial \boldsymbol{S}}{\partial t} + \boldsymbol{J} \times \boldsymbol{B} = \varepsilon_0\left[-\frac{1}{2}\nabla E^2 + (\boldsymbol{E} \cdot \nabla)\boldsymbol{E}\right] + \mu_0\left[-\frac{1}{2}\nabla H^2 + (\boldsymbol{H} \cdot \nabla)\boldsymbol{H}\right] \tag{2.19}$$

因为自由空间中 $\nabla \cdot \boldsymbol{H} = 0$,所以可将 $\nabla \cdot \boldsymbol{D} = \rho$ 写成:

$$\rho\boldsymbol{E} = \varepsilon_0\boldsymbol{E}(\nabla \cdot \boldsymbol{E}) + \mu_0\boldsymbol{H}(\nabla \cdot \boldsymbol{H}) \tag{2.20}$$

将上式与式(2.19)相加,可得:

$$\varepsilon_0\mu_0\frac{\partial \boldsymbol{S}}{\partial t} + \boldsymbol{J} \times \boldsymbol{B} + \rho\boldsymbol{E} = -\frac{1}{2}\nabla[\varepsilon_0E^2 + \mu_0H^2] + \varepsilon_0[(\boldsymbol{E} \cdot \nabla)\boldsymbol{E} + \boldsymbol{E}(\nabla \cdot \boldsymbol{E})] +$$

$$\mu_0[(\boldsymbol{H} \cdot \nabla)\boldsymbol{H} + \boldsymbol{H}(\nabla \cdot \boldsymbol{H})] \tag{2.21}$$

考虑到式(2.6),上式可改写为:

$$\frac{\partial}{\partial t}(\varepsilon_0\mu_0\boldsymbol{S} + \boldsymbol{g}_{\text{mech}}) = -\frac{1}{2}\nabla[\varepsilon_0E^2 + \mu_0H^2] + \varepsilon_0[(\boldsymbol{E} \cdot \nabla)\boldsymbol{E} + \boldsymbol{E}(\nabla \cdot \boldsymbol{E})] +$$

$$\mu_0[(\boldsymbol{H} \cdot \nabla)\boldsymbol{H} + \boldsymbol{H}(\nabla \cdot \boldsymbol{H})] \tag{2.22}$$

应用并矢微分恒等式:

$$\nabla \cdot (\alpha I) = \nabla \alpha \tag{2.23}$$

$$\nabla \cdot (AB) = (\nabla \cdot A)B + A \cdot \nabla B \tag{2.24}$$

$$(A \cdot \nabla)A = A \cdot \nabla A \tag{2.25}$$

其中 $I = u_x u_x + u_y u_y + u_z u_z$ 是单位并矢,令 $\alpha = E^2$,由式(2.23)有:

$$\nabla E^2 = \nabla \cdot (E^2 I) \tag{2.26}$$

同理有:

$$\nabla H^2 = \nabla \cdot (H^2 I) \tag{2.27}$$

令 $A = B = E$,则有:

$$(E \cdot \nabla)E + E(\nabla \cdot E) = (\nabla \cdot E)E + E \cdot \nabla E = \nabla \cdot (EE) \tag{2.28}$$

同理有:

$$(H \cdot \nabla)H + H(\nabla \cdot H) = (\nabla \cdot H)H + H \cdot \nabla H = \nabla \cdot (HH) \tag{2.29}$$

将以上各式代入式(2.22)可得:

$$\frac{\partial}{\partial t}(\varepsilon_0 \mu_0 S + g_{mech}) = -\nabla \cdot \left[\left(\frac{1}{2}\varepsilon_0 E^2 + \frac{1}{2}\mu_0 H^2\right)I - \varepsilon_0 EE - \mu_0 HH\right] \tag{2.30}$$

引入新符号 Φ 和 g_{EM}:

$$\Phi = \left(\frac{1}{2}\varepsilon_0 E^2 + \frac{1}{2}\mu_0 H^2\right)I - \varepsilon_0 EE - \mu_0 HH \tag{2.31}$$

$$g_{EM} = \varepsilon_0 \mu_0 S = \frac{E \times H}{c^2} \tag{2.32}$$

则式(2.30)可简写为:

$$\frac{\partial}{\partial t}(g_{mech} + g_{EM}) = -\nabla \cdot \Phi \tag{2.33}$$

上式对体积 V 积分,可得:

$$\frac{\partial}{\partial t}\int_V (g_{mech} + g_{EM})\,\mathrm{d}V = -\oint_\Omega \nabla \cdot \Phi \mathrm{d}\Omega \tag{2.34}$$

将式(2.33)、(2.34)与式(2.8)、(2.9)所示的电磁场能量守恒方程相比较,可以看出式(2.33)、(2.34)中各项的物理意义。因为 g_{mech} 为电荷系统的动量密度,所以 $g_{EM} = \varepsilon_0 \mu_0 S$ 则应为真空中电磁场的动量密度。由于式(2.34)左端表示体积 V 内电磁场与电荷系统总动量的时间变化率,所以式(2.34)右端的闭合面积分就应代表单位时间内通过闭合曲面 Ω 流入体积 V 内的总动量。由此可见,Φ 代表动量流密度,也称为电磁场的动量流密度张量。

我们将式(2.33)、(2.34)右端改变一下符号,可以引出新的含义。令:

$$T = -\boldsymbol{\Phi} = \varepsilon_0 \boldsymbol{EE} + \mu_0 \boldsymbol{HH} - \left(\frac{1}{2}\varepsilon_0 E^2 + \frac{1}{2}\mu_0 H^2\right)\boldsymbol{I} \tag{2.35}$$

则式(2.33)、(2.34)可改写为：

$$\frac{\partial}{\partial t}(\boldsymbol{g}_{\text{mech}} + \boldsymbol{g}_{\text{EM}}) = \nabla \cdot \boldsymbol{T} \tag{2.36}$$

$$\frac{\partial}{\partial t}\int_V (\boldsymbol{g}_{\text{mech}} + \boldsymbol{g}_{\text{EM}})\, dV = \oint_\Omega \nabla \cdot \boldsymbol{T}\, d\Omega \tag{2.37}$$

式(2.37)左端表示体积 V 内总动量的时间变化率,与经典力学中的动量守恒定律 $\frac{\partial \boldsymbol{G}}{\partial t} = \boldsymbol{F}$ 相比较,式(2.37)右端的体积分应等于体积 V 内受到来自体积 V 外的总的作用力, $\nabla \cdot \boldsymbol{T}$ 可解释为体积力密度。因为 $\nabla \cdot \boldsymbol{T}$ 只包含电磁场量,所以,它可理解为由电磁场所施加的力,因此式(2.36)、(2.37)也称为电磁场的动量守恒方程。

上述讨论,针对的是自由空间的情况。关于介质中电磁场动量的表达式,物理学界已争论了一个多世纪。Minkowski 是第一个提出电磁波能量动量张量表达式的学者,他认为电磁场的动量密度表达式应为 $\boldsymbol{D} \times \boldsymbol{B}$。基于 Minkowski 的理论,当电磁波从真空进入介质中时,总的动量应增加 n 倍(n 为折射率)。由于 Minkowski 张量表达式的不对称性,促使 Abraham 提出了一个具有对称性的电磁场能量动量张量表达式,与之对应的电磁动量密度为 $(\boldsymbol{E} \times \boldsymbol{H})/c^2$,而在 Abraham 理论下,电磁波进入介质时的动量就下降成了 $1/n$。对于同一个问题,出现了两种截然不同的结论。究竟哪一个动量才是电磁波在介质中的正确形式,这就是历史上著名的 Abraham-Minkowski 争论[3]。

在很长一段时间内,电磁波的能量动量张量都没能得到统一的答案。争论持续的一个原因是 Minkowski 和 Abraham 张量的差(也叫作 Abraham 项)非常小。此外,从微观角度来看,对于只考虑场和介质的封闭系统,在给定的时空区域对能量动量张量求平均值,可以求得对应的介质项、场项及其之间的关系表达式。因此,能量动量张量可以分解成介质部分和电磁场部分,但这种分法并不是唯一的。电磁波的 Minkowski 和 Abraham 表达式对应着不同的分法,因此代表着不同的含义。有许多学者支持 Minkowski 动量的理论,他们认为在运动介质中电磁波能量的传播速度应该和粒子速度一样遵守 Lorentz 变换,在这一点上,Abraham 张量则不符合。同时,也有很多学者支持 Abraham 的理论,因为 Abraham 张量在形式上是对称的,而能量动量张量的对称性对应角动量守恒[4]。

2.3 电磁场的角动量

前面已经讨论了电磁场的动量及其守恒定律,与经典力学类比,上一节讨论的动量密度(g_f+g_P)属于电磁系统中的总线动量。由于物理学中角动量(或动量矩)与动量之间存在关联,本小节将继续讨论电磁场角动量。在力学中,质点的角动量 L 与动量 p 之间的关系为:

$$L = r \times p \tag{2.38}$$

其中,r 是质点相对原点的位置矢量。因此,对于真空中带电粒子围绕 $r_m = x_m e_x + y_m e_y + z_m e_z$ 的机械角动量在任意一点 $r = x e_x + y e_y + z e_z$ 表示为:

$$\begin{aligned} h_{mech}(r, r_m) &= (r - r_m) \times g_{mech}(r) \\ &= (r - r_m) \times \rho v(r) \end{aligned} \tag{2.39}$$

而对于真空中的电磁场角动量密度 h_{EM} 表示为:

$$\begin{aligned} h_{EM}(r, r_m) &= (r - r_m) \times g_{mech} \\ &= \varepsilon_0 \mu_0 (r - r_m) \times (E \times H) \end{aligned} \tag{2.40}$$

对上式关于时间求偏导,有:

$$\begin{aligned} \frac{\partial h_{EM}(r, r_m)}{\partial t} &= \frac{\partial}{\partial t} \left[(r - r_m) \times g_{EM} \right] \\ &= \frac{dr}{dt} \times g_{EM} + (r - r_m) \times \frac{\partial g_{EM}}{\partial t} \end{aligned} \tag{2.41}$$

考虑到因子 dx/dt 代表电磁能速,它和电磁动量 g_{EM} 平行,因此 $\left(\frac{dr}{dt} \right) \times g_{EM} = 0$,因此有:

$$\frac{\partial h_{EM}(r, r_m)}{\partial t} = (r - r_m) \times \frac{\partial g_{EM}}{\partial t} \tag{2.42}$$

用 $(r - r_m)$ 对电磁动量守恒表达式(2.33)做叉乘运算,有:

$$(r - r_m) \times \frac{\partial g_{EM}}{\partial t} + (r - r_m) \times \frac{\partial g_{mech}}{\partial t} + (r - r_m) \times \nabla \cdot \Phi = 0 \tag{2.43}$$

将式(2.6)和式(2.42)代入式(2.43),可得:

$$\frac{\partial \boldsymbol{h}_{EM}(\boldsymbol{r},\boldsymbol{r}_{m})}{\partial t} + (\boldsymbol{r}-\boldsymbol{r}_{m})\times \boldsymbol{f}(\boldsymbol{r}) + (\boldsymbol{r}-\boldsymbol{r}_{m})\times \nabla \cdot \boldsymbol{\Phi} = 0 \tag{2.44}$$

其中 $\boldsymbol{f}(\boldsymbol{r})$ 表示洛伦兹力密度矢量,

$$\boldsymbol{f}(\boldsymbol{r}) = \frac{\partial \boldsymbol{g}_{mech}}{\partial t} = \rho \boldsymbol{E} + \boldsymbol{J}\times \boldsymbol{B} \tag{2.45}$$

可以看到,系统中机械角动量的时间偏导即为洛伦兹力矩密度,

$$\frac{\partial \boldsymbol{h}_{mech}(\boldsymbol{r},\boldsymbol{r}_{m})}{\partial t} = (\boldsymbol{r}-\boldsymbol{r}_{m})\times \boldsymbol{f}(\boldsymbol{r}) = \tau(\boldsymbol{r},\boldsymbol{r}_{m}) \tag{2.46}$$

这里引入电磁动量流张量:

$$\boldsymbol{M}(\boldsymbol{r},\boldsymbol{r}_{m}) = (\boldsymbol{r}-\boldsymbol{r}_{m})\times \boldsymbol{\Phi}(\boldsymbol{r}) \tag{2.47}$$

由此可得微分形式的电磁场角动量密度守恒方程:

$$\frac{\partial \boldsymbol{h}_{EM}(\boldsymbol{r}_{m})}{\partial t} + \frac{\partial \boldsymbol{h}_{mech}(\boldsymbol{r}_{m})}{\partial t} + \nabla \cdot \boldsymbol{M}(\boldsymbol{r}_{m}) = 0 \tag{2.48}$$

其中,对称张量 $\boldsymbol{M}(\boldsymbol{r}_{m})$ 表示关于 $\boldsymbol{r}_{m}$ 的电磁角动量流密度。可以看到,电磁场角动量在机械角动量部分有损耗因子,洛伦兹力矩密度 $\boldsymbol{T}$ 表明电磁场的角动量与动态转动的电荷及电流是密切相关的。以上讨论的是角动量密度,因此在体积 V 内电磁场携带的总角动量为:

$$\boldsymbol{L}_{EM} = \int_{V} \boldsymbol{h}_{EM} \mathrm{d}V = \varepsilon_{0}\mu_{0}\int_{V} \boldsymbol{r}\times (\boldsymbol{E}\times \boldsymbol{H})\mathrm{d}V \tag{2.49}$$

利用矢位 $\boldsymbol{A}$ 与磁场强度 $\boldsymbol{B}$ 之间的关系 $\boldsymbol{B}=\nabla \times \boldsymbol{A}$,同时考虑 $\boldsymbol{B}=\mu_{0}\boldsymbol{H}$,上式可改写为:

$$\boldsymbol{L}_{EM} = \varepsilon_{0}\int_{V} \boldsymbol{r}\times [\boldsymbol{E}\times (\nabla \times \boldsymbol{A})]\mathrm{d}V \tag{2.50}$$

考虑矢量恒等式 $\boldsymbol{E}\times (\nabla \times \boldsymbol{A}) = \nabla \boldsymbol{A}\cdot \boldsymbol{E}-(\boldsymbol{E}\cdot \nabla)\boldsymbol{A}$,有[5]:

$$\boldsymbol{L}_{EM} = \varepsilon_{0}\int_{V} [\boldsymbol{r}\times \nabla \boldsymbol{A}\cdot \boldsymbol{E}\mathrm{d}V - \boldsymbol{r}\times (\boldsymbol{E}\cdot \nabla)\boldsymbol{A}]\mathrm{d}V$$

$$= \varepsilon_{0}\int_{V} [\sum_{j=1}^{3} E_{j}(\boldsymbol{r}\times \nabla)A_{j} - \boldsymbol{r}\times (\boldsymbol{E}\cdot \nabla)\boldsymbol{A}]\mathrm{d}V$$

$$= \varepsilon_{0}\int_{V} [\sum_{j=1}^{3} E_{j}(\boldsymbol{r}\times \nabla)A_{j} - (\nabla \cdot \boldsymbol{E})(\boldsymbol{r}\times \boldsymbol{A}) + \boldsymbol{E}\times \boldsymbol{A}]\mathrm{d}V \tag{2.51}$$

由于真空中无源,$\nabla \cdot \boldsymbol{E}=0$,上式可进一步表示为:

$$\boldsymbol{L}_{EM} = \varepsilon_{0}\int_{V} [\sum_{j=1}^{3} E_{j}(\boldsymbol{r}\times \nabla)A_{j} + \boldsymbol{E}\times \boldsymbol{A}]\mathrm{d}V \tag{2.52}$$

上式将电磁场的角动量分解成了两个部分,即:

$$L_{OAM} = \varepsilon_0 \int_V \left[\sum_{j=1}^{3} E_j (r \times \nabla) A_j \right] dV \qquad (2.53)$$

$$L_{SAM} = \varepsilon_0 \int_V E \times A \, dV \qquad (2.54)$$

其中,L_{OAM} 为轨道角动量,L_{SAM} 为自旋角动量,显然,$L_{EM} = L_{OAM} + L_{SAM}$。

本章小结

    本章主要讨论了轨道角动量涡旋电磁场的基本理论。介绍了电磁场的能量及其守恒公式、电磁场的动量及其守恒公式以及电磁场的角动量及其守恒公式。从本章可以了解到电磁场轨道角动量和自旋角动量的由来,对理解和进一步学习涡旋电磁波具有积极作用。

第3章 基于平面阵列天线的涡旋电磁波产生方法

利用阵列天线产生射频轨道角动量涡旋电磁波是最常见的形式,其具有稳定性高、口径利用率高等诸多优势。一般来说,阵列天线可分为平面形和曲面共形两大类,本章将针对平面阵列天线来探讨产生射频涡旋电磁波的方法及其扫描理论。

3.1 基于单层圆环阵列天线产生轨道角动量涡旋电磁波

单层均匀圆环阵列天线是用于产生轨道角动量涡旋电磁波的最简单、最有效的方法。基于此,本节将从涡旋电磁波的产生理论与轨道角动量模式纯度分析两个方面展开讨论。

3.1.1 基于单层均匀圆环阵列天线的涡旋电磁波产生理论

产生轨道角动量 OAM 涡旋电磁波的天线形式有很多种,其中最为常见的是单层均匀圆环阵列天线(Uniform Circular Array, UCA),如图3.1所示。以圆环的圆心为坐标的原点,建立以天线所在平面为 XOY 面的坐标系。然后,将 N 个天线单元均匀地放置于半径为 R 的圆环上,若要在法向上产生模式数为 l 的涡旋电磁波束,第 n 个天线单元的馈电相位应为 φ_n:

$$\varphi_n = l \cdot \arctan(y_n/x_n) \tag{3.1}$$

其中,(x_n, y_n) 表示第 n 个天线单元在坐标系中的位置。现假设 N 足够大,则基于上述的均匀圆环阵列的阵列因子可以通过角度 φ_n 上的积分近似进行表达[1]:

$$\begin{aligned} \psi_l(\theta, \varphi) &= \sum_{n=1}^{N} e^{-jk_0|r_n|} \cdot e^{jl\varphi_n} \\ &\approx \frac{Ne^{jl\varphi}}{2\pi} \int_0^{2\pi} e^{-jk_0 R \sin\theta \cos\varphi'} e^{-jl\varphi'} d\varphi' \\ &= Nj^{-l} e^{jl\varphi} J_l(k_0 R \sin\theta) \end{aligned} \tag{3.2}$$

其中 k_0 是自由空间的波数,J_l 是 l 阶的第一类贝塞尔函数。r_n 是场点的位置向量,可以表达为:

$$r_n = R(\hat{x}\cos\varphi_n + \hat{y}\sin\varphi_n) \tag{3.3}$$

接着,假设 $A_n(\theta, \varphi)$ 为单元天线的方向图函数,则上述单层均匀圆环阵列天线产生涡旋电磁波束的远场电场可以表示为:

$$E_1(\theta, \varphi) = Nj^{-l} e^{jl\varphi} J_l(k_0 R \sin\theta) \cdot A_n(\theta, \varphi) \tag{3.4}$$

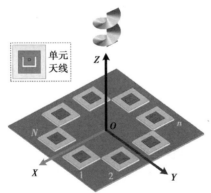

图3.1　单层均匀圆环阵列天线产生涡旋电磁波的示意图

3.1.2　涡旋电磁波模式纯度计算方法

在研究涡旋电磁波的性能时,其模式纯度是一个非常重要的指标,它可以评估所产生的涡旋电磁波具有怎样的可靠性。一般来说,涡旋电磁波的模式纯度是通过提取其近场的电场波前分布来进行计算的。波前分布的提取原则是,以涡旋电磁波的波矢为圆心,以近场波前采样平面上幅度最强的位置点为半径,对近场电场的相位进行均匀采样,并对其作傅里叶变换,以得到该涡旋电磁波对应的 OAM 谱。假设涡旋电磁波波矢为 Z 轴,$\Psi(\varphi)$ 代表与波矢垂直的平面上近场电场在采样圆周上的相位分布,可以表示为[2, 3]:

$$\psi(\varphi) = \sum_{l=-\infty}^{+\infty} A_l e^{jl\varphi} \tag{3.5}$$

某一模态下的 OAM 谱强度可以表示为:

$$A_l = \frac{1}{2\pi} \int_0^{2\pi} \psi(\varphi) e^{jl\varphi} \mathrm{d}\varphi \tag{3.6}$$

对于模态 l 来说,其模式纯度就可以表示为:

$$\mathrm{Purity} = \frac{|A_l|^2}{\sum_{k=-\infty}^{+\infty} |A_k|^2} \tag{3.7}$$

3.1.3　基于单层均匀圆环阵列天线产生涡旋电磁波的性能分析

1) 模式纯度分析

对于图 3.1 所示的单层均匀圆环阵列天线,设定其工作频率为 $f=10$ GHz(对应波长为 $\lambda=30$ mm),单元数量 $N=8$,现假定均匀圆环阵列天线中圆环的半径 R 可以变化,根据式(3.1)对每个天线单元进行相位补偿,并对所产生的不同模态的 OAM 涡旋电磁波束的纯度进行分析。当 R 变化时,可以分别提取出近场区的电场分布,从而计算出 OAM 涡旋电磁波的模式纯度,如图 3.2 所示。从图中可以看出,模式数 l 越大,相同半径 R 的均匀圆环阵列天线所产生的涡旋电磁波模式纯度越低;此外,固定模式数 l,当 R 变大时,OAM 涡旋电磁波的纯度逐渐降低,当 $R>\lambda$ 时,纯度下降的幅度变大。因此,可以得出结论:当采用单层均匀圆环阵列天线产生 OAM 涡旋电磁波的时候,R 越小越好,但是必须得保证天线单元之间不能重叠。

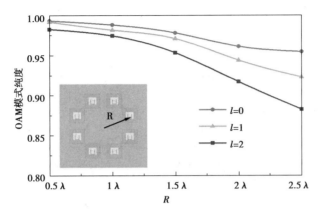

图3.2 单层均匀圆环阵列天线在 R 变化时,所产生的
OAM 涡旋电磁波模式纯度的变化曲线

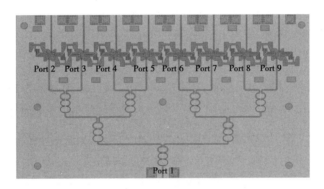

图3.3 一分八 Wilkinson 功率分配器拓扑图

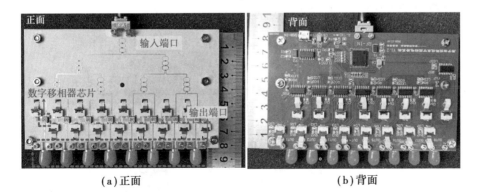

(a)正面 （b)背面

图3.4 移相馈电网络实物图

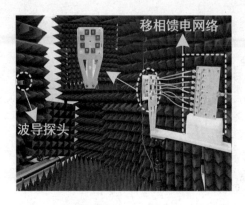

图3.5　单层均匀圆环阵列天线样机测试场景图

2)近场分布特性

现固定上述单层均匀圆环阵列天线的圆环半径 $R = 28.2$ mm,对其进行分析。加工的天线样机中,天线单元采用工作于 X 频段的 U 形槽微带天线,利用图3.3所示的 X 波段一分八 Wilkinson 功率分配器对每个天线单元独立馈电,并基于 X 波段6 Bit 数字移相器芯片(型号:Qorvo TGP2109-SM)设计移相网络为每一路功分器输出端口提供所需的相移补偿,如图3.4所示,天线测试的场景图如图3.5所示。在工作频率 $f_0 = 10$ GHz 下,分析单层均匀圆环阵列天线产生不同模式数的 OAM 涡旋电磁波近场电场分布,仿真和测试的结果如图3.6所示。其中,观察面距离天线口径1 m,尺寸为 0.8 m×0.8 m。可以看出,不同模式下的 OAM 涡旋电磁波波前相位分布均出现了良好的螺旋形状,然而,随着 OAM 模式数的增加,涡旋电磁波束的中心零深区域逐渐变大。

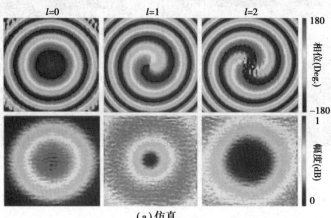

(a)仿真

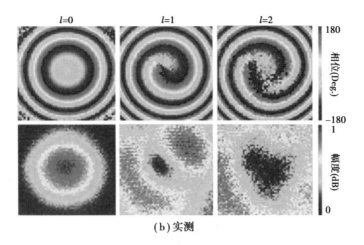

（b）实测

图3.6 单层均匀圆环阵列天线产生模态为 l=0、1 和 2 的 OAM 涡旋电磁波
在近场区电场的相位和幅度分布

3）远场辐射方向图的特性

此外,基于上述天线产生 OAM 涡旋电磁波束的远场辐射方向图如图 3.7 所示。可以看出,当 $l \neq 0$ 时,涡旋电磁波束的远场方向图表现为中心具有零深的差方向图特性,且当天线结构不变时,随着 OAM 模式数的增加,两个主瓣之间的夹角越来越大。进一步地,我们可以看出实测和仿真的结果吻合良好,这也验证了利用单层均匀圆环阵列天线产生轨道角动量涡旋电磁波束的有效性。

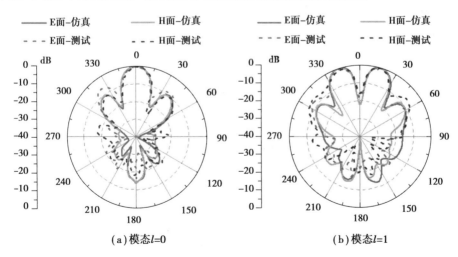

（a）模态 l=0 　　　　　　　　　　（b）模态 l=1

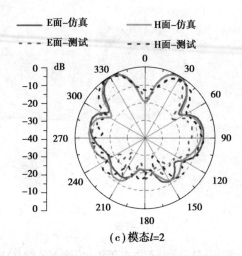

（c）模态l=2

图3.7　单层均匀圆环阵列天线产生 OAM 涡旋电磁波的远场辐射方向图

3.1.4　单层均匀圆环阵列天线产生 OAM 涡旋电磁波的最大模式数

从以上分析可以看出,基于均匀圆环阵列天线产生高模态的 OAM 涡旋电磁波时,其辐射场(包括近场的电场分布及远场的方向图)逐渐出现零深区域及发散角变大等现象,那么均匀圆环阵列天线所能产生的涡旋电磁波模式数最大是多少,该怎么计算,这是一个值得关注的问题。

对于图 3.8 所示的均匀圆环阵列,其单元数量决定了所产生的 OAM 涡旋电磁波最大模式数有多少[1]。一般来说,具有 N 个单元的均匀圆环阵列天线能产生 OAM 涡旋电磁波的最大模式数为 l_{max},可以表示为:

$$-N/2 < l_{max} < N/2 \tag{3.8}$$

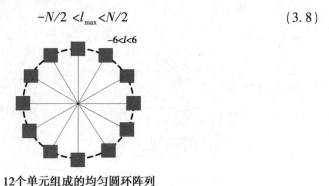

12个单元组成的均匀圆环阵列

图3.8　基于均匀圆环平面阵列计算 OAM 模式数范围的示意图

也就是说,当 $N=12$ 时,均匀圆环阵列天线能产生的 OAM 涡旋电磁波最大模式数为 5。

3.2　基于矩形阵列天线的涡旋电磁波扫描技术

3.1 节提到的单层均匀圆环阵列天线一般只能用于产生法向的轨道角动量涡旋电磁波束。若要实现涡旋波束的扫描,需要采用面阵列天线的形式。基于面阵列天线中最为常见的矩形阵列天线,本节将讨论轨道角动量涡旋电磁波的扫描技术。

3.2.1　基于旋转坐标轴法的扫描 OAM 涡旋电磁波理论

要实现轨道角动量涡旋电磁波束的扫描,首先基于矩形阵列天线建立如图 3.9 所示的坐标系。其中 XYZ 表示绝对坐标系,$X'Y'Z'$ 表示偏转后的相对坐标系,其中偏转的角度 (θ_0, φ_0) 为 OAM 涡旋电磁波束指向的角度。偏转的 OAM 涡旋波束波矢量为 k,与 Z' 轴重合。若 $\theta_0=0°$ 且 $\varphi_0=0°$,即通过矩形阵列天线产生法向的 OAM 涡旋电磁波束,则阵列中每个天线单元的补偿相位 Φ 为:

$$\Phi = l \cdot \varphi = l \cdot \arctan(y/x) \tag{3.9}$$

其中,l 代表 OAM 模式数,(x, y) 表示天线单元在绝对坐标系下的位置坐标。可以看出式(3.9)与式(3.1)非常相似,这表明平面阵列天线产生 OAM 涡旋电磁波时补偿相位的理论均是类似的。接着,当要实现偏转角度为 (θ_0, φ_0) 的 OAM 涡旋电磁波束时,矩形阵列中每个天线单元需要补偿的相位 Φ 变为:

$$\Phi = l \cdot \phi' - k_0 \cdot z' = l \cdot \arctan(y'/x') - k_0 \cdot z' \tag{3.10}$$

(x',y',z') 表示天线单元在相对坐标系 $X'Y'Z'$ 下的坐标位置。可以看出产生扫描的 OAM 涡旋波束和法向 OAM 涡旋波束,所需的相位补偿公式有很大不同。

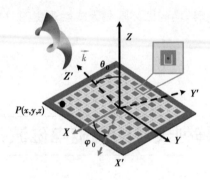

图 3.9　矩形阵列天线产生扫描的 OAM 涡旋波束示意图[4]

首先,式(3.10)中的补偿相位多了一项 $k_0 z'$ 的因子,这是因为矩形阵列上的天线单元在绝对坐标系 XYZ 下 z 坐标均是一致的。当产生法向 OAM 涡旋波束时,所有天线单元在 Z 坐标不产生相位延迟,因此不需要对其做补偿。然而,当矩阵阵列天线的单元在相对坐标系 $X'Y'Z'$ 下时,每个单元在 Z' 轴的坐标不再一致,这个时候就需要将 z' 坐标值所产生的相位延迟补偿到垂直于 Z' 轴的平面上。

其次,式(3.10)中前一项 $l \arctan(y'/x')$ 虽然与式(3.9)中 $l \arctan(y/x)$ 类似,但是其表示的含义完全变化了。后者表示在绝对坐标系 XYZ 下,每个天线单元所在的方位角 φ 与模式数 l 的乘积;而前者表示在相对坐标系 $X'Y'Z'$ 下,每个天线单元所在的方位角 φ' 与模式数 l 的乘积。

进一步地,我们将式(3.10)转化为由绝对坐标表示的形式。首先,对于矩形阵列中某一点坐标,其在 XYZ 坐标下的坐标值 (x, y, z) 和在 $X'Y'Z'$ 下的坐标值 (x', y', z') 之间存在的关系可以通过矩阵的旋转来得到,这个旋转矩阵 R 可以表示为:

$$R = R_{Y'}(\theta_0) R_z(\varphi_0) = \begin{bmatrix} \cos\theta_0 & 0 & -\sin\theta_0 \\ 0 & 1 & 0 \\ \sin\theta_0 & 0 & \cos\theta_0 \end{bmatrix} \begin{bmatrix} \cos\varphi_0 & \sin\varphi_0 & 0 \\ -\sin\varphi_0 & \cos\varphi_0 & 0 \\ 0 & 0 & 1 \end{bmatrix} \quad (3.11)$$

其中,$R_z(\varphi)$ 表示绝对坐标系 XYZ 围绕 Z 轴旋转角度 φ_0,得到相对坐标系 $X'Y'Z'$。在此基础上,再围绕 Y' 轴旋转角度 θ_0,此步骤可用 $R'_Y(\theta_0)$ 表示,最后得到相对坐标系 $X'Y'Z'$。由此可以得到 (x', y', z') 和 (x, y, z) 之间的关系,如下式所示:

$$[x' \quad y' \quad z']^T = R[x \quad y \quad z]^T \quad (3.12)$$

展开式(3.12)可以得到:

$$\begin{cases} x' = x\cos(\theta_0)\cos(\varphi_0) + y\cos(\theta_0)\sin(\varphi_0) - z\sin(\theta_0) \\ y' = -x\sin(\varphi_0) + y\cos(\varphi_0) \\ z' = x\sin(\theta_0)\cos(\varphi_0) + y\sin(\theta_0)\sin(\varphi_0) + z\cos(\theta_0) \end{cases} \tag{3.13}$$

再将式(3.13)代入式(3.10)中,就可以得到产生偏转角度为(θ_0,φ_0)的OAM涡旋电磁波束,矩形阵列中每个天线单元需要补偿的相位Φ:

$$\begin{aligned} \Phi &= l \cdot \phi - k_0 \cdot z' = l \cdot \arctan(y'/x') - k_0 \cdot z' \\ &= l \cdot \arctan\left(\frac{-x\sin(\varphi_0) + y\cos(\varphi_0)}{x\cos(\theta_0)\cos(\varphi_0) + y\cos(\theta_0)\sin(\varphi_0) - z\sin(\theta_0)}\right) - \\ & \quad k_0[x\sin(\theta_0)\cos(\varphi_0) + y\sin(\theta_0)\sin(\varphi_0) - z\cos(\theta_0)] \end{aligned} \tag{3.14}$$

3.2.2 基于矩阵阵列天线实现扫描的 OAM 涡旋电磁波

1)扫描的 OAM 涡旋电磁波束远场方向图分析

利用阵元规模为 8×8、阵元间距为 0.5 倍工作频率波长的矩形阵列天线来产生扫描的 OAM 涡旋电磁波束。首先,设定 OAM 涡旋电磁波束的模式数 $l=1$,方位角 $\varphi_0 = 0°$,现使 θ_0 从 0°偏转至 75°,仿真得到的远场方向图如图 3.10 所示。可以看出,当 OAM 涡旋波束的模式数不变,而俯仰扫描角逐渐增大时,远场方向图的中心零深逐渐变化得不明显,即方向图在大角度扫描时呈现畸变。

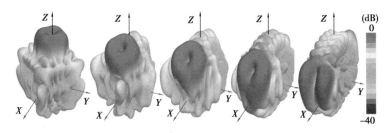

图3.10 仿真的 OAM 涡旋波束三维远场方向图

$(l=1)$,$(\theta_0,\varphi_0) = (0°,0°)$、$(30°,0°)$、$(45°,0°)$、$(60°,0°)$、$(75°,0°)$

在此基础上,我们对上述的仿真分析进行了实验验证。加工制作了三维尺寸大小为 16 cm×16 cm×1.5 cm 的矩形天线阵列,阵列的支架通过 3D 打印技术制作,所有的天线单元均被安装在支架上并通过同轴电缆连接至移相馈电网络上。设计所产生的 OAM 涡旋波束模式数为 $l=1\sim3$,方位角 $\varphi_0 = 0°$,俯仰角 θ_0 从 0°扫描至

60°。现选取 *XOZ* 面,对矩形阵列天线的远场方向图进行测试,测试的场景图如图 3.11 所示。值得一提的是,此处远场方向图是通过测试矩形阵列天线的近场分布以及近远场变化得到的。图 3.12 给出了仿真和测试的远场方向图结果对比。

图 3.11 矩形阵列天线产生涡旋电磁波的实际测试场景图

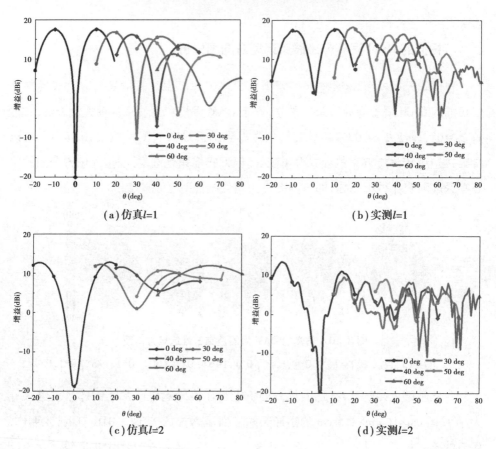

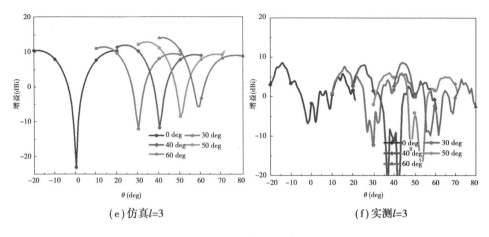

(e) 仿真 $l=3$ (f) 实测 $l=3$

图 3.12 *XOZ* 平面上的远场仿真与实测结果

首先,当模式数 l 逐渐变大时,在同一扫描角度下,OAM 涡旋波束的发散角越来越大;而当模式数 l 固定,扫描角度变大时,波束的方向图沿着中心零深方向逐渐呈现不对称特性且零深逐渐变小。接着,当模式数 l 较小时,实测的方向图和仿真结果吻合良好,且 OAM 涡旋电磁波束的中心零深位置与所设计的扫描角度偏差较小,这也验证了扫描的 OAM 涡旋电磁波理论具有可行性。然而,随着模式数增加以及波束扫描角度增大,尽管辐射方向图的趋势和仿真结果类似,但是实测的远场方向图出现越来越大的抖动,这主要是由安装误差、实测的采样精度小、采样点有限和环境噪声影响造成的。

通过对扫描的 OAM 涡旋电磁波束进行分析,可以发现,矩形阵列天线可以有效地实现 OAM 涡旋波束的偏转,但是当扫描角度增加、模式数变大时,OAM 涡旋波束的远场方向图有较大的畸变。

2)扫描的 OAM 涡旋电磁波束近场特性分析

基于上述所产生的扫描 OAM 涡旋波束,我们给出矩形阵列天线近场区电场的幅度和相位分布图,并将仿真和测试的结果进行对比,如图 3.13 至图 3.15 所示。从测试与仿真的结果对比来看,电场分布随着扫描角度 θ_0 以及模式数的变化趋势是一致的。此外,模式数 l 固定,随着扫描角度 θ_0 的增大,OAM 涡旋电磁波的近场电场幅度分布呈现越来越不均匀的现象,但是其电场的相位分布能保持相对稳定的螺旋分布特性。而当模式数 l 逐渐变大时,涡旋电磁波束的近场幅度分布呈现越来越明显的畸变现象,而且相位分布面的中心也出现区域越来越大的混乱。这种现象主要和 OAM 涡旋电磁波的发散特性有关,针对此问题,我们会在第 6 章作详细介绍。

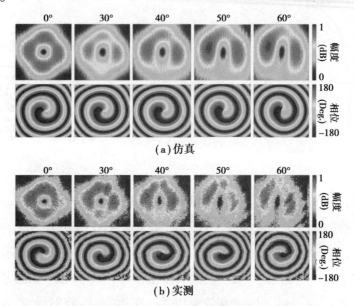

（a）仿真

（b）实测

图 3.13　模式数 $l=1$ 时,OAM 涡旋电磁波束从俯仰角

$\theta_0=0°$ 偏转至 $60°$ 的近场电场幅度和相位分布图

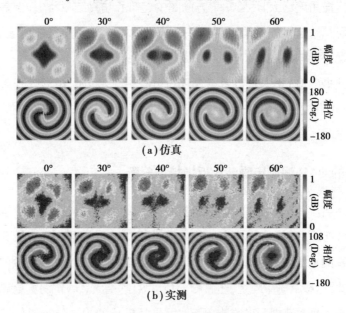

（a）仿真

（b）实测

图 3.14　模式数 $l=2$ 时,OAM 涡旋电磁波束从俯仰角

$\theta_0=0°$ 偏转至 $60°$ 的近场电场幅度和相位分布图

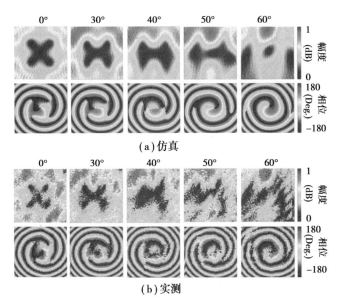

图 3.15　模式数 l＝3 时，OAM 涡旋电磁波束从俯仰角

θ_0＝0°偏转至 60°的近场电场幅度和相位分布图

　　基于扫描的 OAM 涡旋波束在近场区的电场分布，根据电场幅度较大的区域为 OAM 涡旋电磁波主导作用这一原则，我们对模式纯度进行提取分析，如图 3.16 和图 3.17 所示。随着偏转角 θ_0 的增加，同一模式数 l 下 OAM 涡旋电磁波的模式纯度逐渐变低；而当偏转角 θ_0 固定，当模式数 l 增大时，模式纯度也逐步降低。综合以上分析，可以得出，OAM 涡旋电磁波的远场方向图、近场电场分布以及模式纯度特性与模式数 l 和偏转角 θ_0 息息相关。而且，整体上来说，当模式数 l 和偏转角 θ_0 均越小的时候，OAM 涡旋电磁波的特性越稳定。

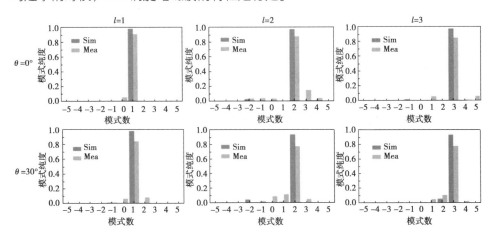

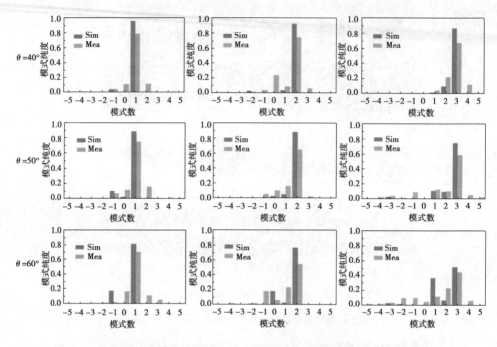

图 3.16　各模态下扫描角度变化的仿真与实测模式纯度对比

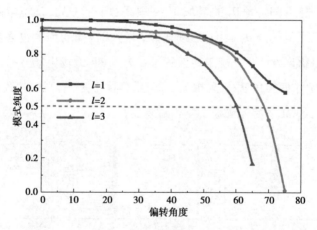

图 3.17　模态为 $l=1$、2、3 时各 OAM 模态的纯度随偏转角度变化的情况

本章小结

　　在产生 OAM 涡旋电磁波束的研究领域,均匀圆环的平面阵列是最常见的天线形式。本章以此为基础展开讨论,并进一步介绍了基于平面矩形阵列天线的涡旋电磁波扫描技术,通过全波仿真分析和实际的加工测试对平面相控阵天线产生 OAM 涡旋电磁波的特性进行了分析和讨论,这些结果可以为研究 OAM 涡旋电磁波在大角度扫描角下的传输性能提供参考和借鉴。

第4章 基于共形阵列天线的涡旋电磁波产生方法

平面阵列天线是阵列天线中最常见的形式,研究学者针对其产生涡旋电磁波的分析屡见不鲜。然而,针对共形天线的涡旋电磁波产生方法比较少见,本章将要从共形阵列天线的角度出发,探索射频涡旋电磁波的产生及其性能。

4.1 基于柱面共形阵列天线产生轨道角动量涡旋电磁波

柱面共形阵列天线相较于平面阵列天线来说,其表面仅在一个维度下进行了弯曲。因此,柱面共形阵列天线的设计和分析较为简单,下面,我们从单层均匀圆环柱面共形阵列以及多层圆环柱面共形阵列两种形式出发,探究涡旋电磁波的产生。

4.1.1 柱面共形阵列天线产生涡旋电磁波的理论

在前面的章节中,我们介绍了产生 OAM 涡旋电磁波,平面阵列天线中每个单元所需的补偿相位理论。现考虑如图 4.1(a)所示的单层圆环柱面共形阵列天线,同样将 N 个天线单元均匀地放置在半径为 R 的圆环上。可以看出,对于柱面共形阵列天线来说,由于其在平面阵列的基础上进行了一维弯曲,阵列中的单元不再属于同一平面,也就是说,柱面阵列上的天线单元在 Z 轴的坐标位置均不相同。这意味着,在产生 OAM 涡旋电磁波时,不仅需要对所需的螺旋相位进行补偿,还需要对 Z 轴坐标产生的相位差进行补偿。由此,要产生法向的 OAM 涡旋电磁波,柱面共形阵列天线上每个天线单元所需的相位补偿公式为:

$$\varphi_n = l \cdot \arctan(y_n/x_n) - k_0 \cdot z_n \tag{4.1}$$

其中,$k_0 z_n$ 表示将柱面阵列中所有天线单元在 Z 轴上存在的相位差,减去此项代表将所有天线单元的相位补偿到同一平面。

相较于平面阵列,虽然圆柱共形阵列只在一个维度进行了弯曲,但是这也对天线单元的极化排布方式产生了影响。例如,如果柱面共形阵列的每个天线单元极化方向均沿着弯曲维度方向,这样,所有的天线单元就会在 Z 轴方向产生极化分量,且分量的大小与单元所处的位置有关。如果采用这种天线单元排布方式,其主极化分量会被减弱,且当圆柱弯曲角度越大,天线单元在 Z 轴的分量越大,主极化分量削弱的幅度越大。因此,在设计柱面阵列天线时,一般要使天线极化的方向与圆柱母线方向平行,如图 4.1(b)所示。因为这种排布方式下,天线单元就不会在 Z 轴方向产生分量,保证了天线的主极化纯度。根据上一章节单层均匀圆环平面阵列天线产生涡旋电磁波束的远场电场表达式,我们可以得到单层均匀圆环柱面共形阵列天线产生涡旋电磁波束的远场电场为:

$$E_2(\theta,\phi) = \sum_{n=1}^{N} \left[A_n(\theta,\phi) \cdot e^{-jk_0 |r_n|} \cdot e^{jl(\arctan(y_n/x_n) - k_0 z_n)} \right] \tag{4.2}$$

其中,$A_n(\theta,\varphi)$ 为天线单元的方向图函数。

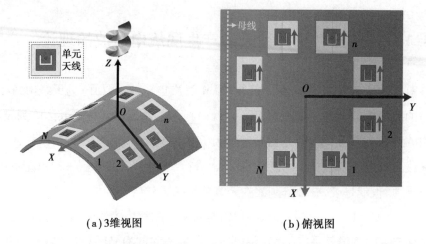

(a) 3维视图   (b) 俯视图

图4.1 单层均匀圆环柱面共形阵列天线产生涡旋电磁波的示意图[1]

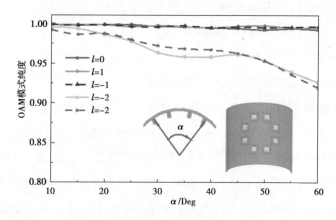

图4.2 单层均匀圆环柱面共形阵列天线在中心角 α 变化时，
所产生的 OAM 涡旋电磁波模式纯度的变化曲线[1]

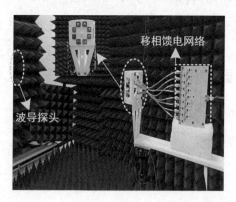

图4.3 单层均匀圆环柱面共形阵列天线样机的测试场景图

4.1.2 单层均匀圆环柱面共形阵列天线产生涡旋电磁波的性能分析

1)模式纯度分析

对于图 4.1 中所示的单层均匀圆环柱面共形阵列天线,我们在工作频率 $f_0=$ 10 GHz 的前提下固定其圆环半径为 $R=28.2$ mm,天线单元数量为 $N=8$。现改变圆柱的中心角 α,对柱面共形阵列中的每个单元按照式(4.1)进行相位补偿,分析所产生的 OAM 涡旋电磁波模式纯度变化情况,如图 4.2 所示。可以看出,随着 α 的增加,模态 $l=0$ 和 1 的涡旋电磁波模式纯度变化不大;而当 $l=2$ 时,α 增加时,模式纯度逐渐降低。可以推断,当模式数 l 继续增大时,OAM 涡旋电磁波的模式纯度会随着柱面中心角 α 变化得更加明显。

2)近场分布特性

根据以上的分析,我们固定圆柱的中心角 $\alpha=60°$,对柱面共形阵列天线进行仿真和加工测试分析。其中,加工的天线样机同 3.1 小节中单层均匀圆环阵列天线类似,采用 U 形槽微带天线作为单元并用加载数字移相芯片的功分网络进行馈电,测试的场景图如图 4.3 所示。接着,仿真和测试得到天线在近场区的电场幅度和相位分布如图 4.4 所示,其中近场观察面距离天线口径的距离为 1 m,尺寸为 0.8 m×0.8 m。从近场的电场分布结果来看,柱面共形阵列天线可以有效地产生 OAM 涡旋电磁波,且测试的结果和仿真的结果吻合良好。

此外,OAM 涡旋电磁波的螺旋相位面可以清晰地被观测到。然而,当轨道角动量的模式数 l 逐渐变大时,近场区的电场幅度零深区域变大,并且在相应的零深区域,相位中心也变得模糊。这与 4.1.3 节中单层均匀圆环平面阵列天线产生 OAM 涡旋电磁波的性能类似,但是柱面共形阵列天线在模式数 l 较大时所表现出的性能要差于平面阵列天线。这主要是由于柱面共形阵列中每个天线单元所呈现出的单元方向图因子不再一致(因为各天线单元的朝向不同);而模式数 l 较大的 OAM 涡旋电磁波一般具有较大的发散角。也就是说,其主波束所在的偏转角较大,这意味着,OAM 涡旋电磁波束的主波束形状受阵列中单元方向图因子不一致的影响较大。因此,近场区的电场幅度分布不再符合良好的同心圆环形状。

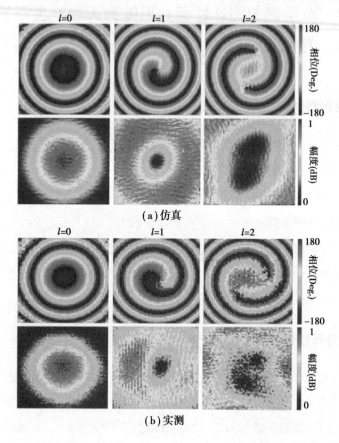

(a)仿真

(b)实测

图4.4 单层均匀圆环柱面共形阵列天线产生模态为 $l=0$、1 和 2 的
OAM 涡旋电磁波在近场区电场的相位和幅度分布

3)远场辐射方向图的特性

此外,当柱面中心角 α 为 60°时,图 4.5 给出了单层均匀圆环柱面共形阵列天线产生不同模态的 OAM 涡旋电磁波仿真和测试的远场辐射方向图对比。可以发现,测试的方向图特性和仿真的结果吻合较好。结果表明,随着模式数 l 的增加,方向图中两个主瓣的夹角越来越大,而且,E 面与 H 面的方向图差距越来越明显。这也表明了模式数大的 OAM 涡旋电磁波性能更易受圆柱中心夹角大小的影响。

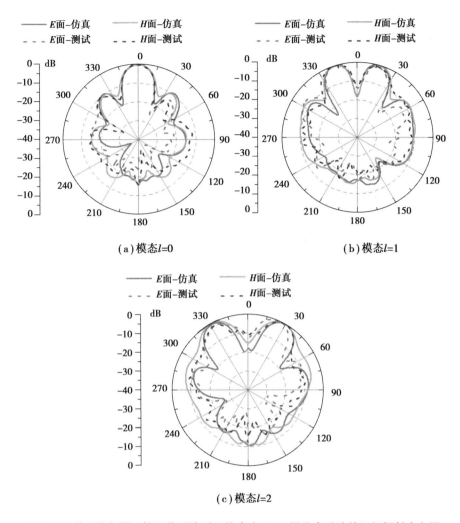

(a) 模态l=0

(b) 模态l=1

(c) 模态l=2

图4.5　单层均匀圆环柱面共形阵列天线产生 OAM 涡旋电磁波的远场辐射方向图

4.2　基于锥面共形阵列天线产生轨道角动量涡旋电磁波

锥面共形阵列天线是指将天线单元排布在尖锥面或者锥台面上,这种共形的方式可以为很多具有锥面形状的共形载体提供天线设计的参考。然而,当天线单元共形于锥面或者类似的旋转曲面上时,会出现各天线单元之间极化不一致的问题,这就需要将天线单元按照一定的规则进行旋转,从而使得天线辐射的电场在主极化方向具有最大分量。本小节将介绍锥面共形阵列天线中极化修正的理论,接着,讨论利用单层均匀圆环排布的锥面共形阵列天线产生 OAM 涡旋电磁波的理论及性能分析。

4.2.1 锥面共形阵列天线极化修正理论

图 4.6 给出了典型的锥面共形阵列天线拓扑图。从图中可以看出,阵列中的天线单元不再像平面或者柱面阵列那样按照统一的方向排布即可,而是需要考虑锥面共形所带来的旋转效应。首先,对于图 4.6 所示的锥面共形阵列天线来说,由于所有天线单元都必须共形于锥面上,它们的极化方向很难能保持一致,因此需要将天线单元进行三维旋转,使得所有天线单元在某一极化方向上具有最大分量,这样就能保证锥面共形阵列天线的主极化方向也在该最大极化分量的方向上。下面,我们通过设定锥面共形阵列天线的主极化方向来阐述天线单元如何进行旋转才能满足极化修正的要求。

对于上述的锥面共形阵列天线,其俯视图如图 4.6(b)所示。现规定 X 轴方向为锥面共形阵列天线的主极化方向,这样,阵列上的所有天线单元必须在 X 轴方向产生最大的极化分量。也就是说,从俯视图来看,锥面阵列上的天线单元极化方向必须沿着黑色箭头方向进行排布。为了达到这一目标,我们利用欧拉旋转定理进行分析。首先,在设计锥面共形阵列时,所有的天线单元初始的排布为统一的,即单元中心位于绝对坐标系 XYZ 的原点位置 O,阵元极化方向为 X 轴,法线方向为 Z 轴。其次,要将天线单元变换到锥面阵列中相应的位置,需要对阵元初始位置所在的绝对坐标系 XYZ 进行旋转和平移操作,得到相对坐标系 $X^{R}Y^{R}Z^{R}$,如图 4.7 所示。最后,将阵元放置于相对坐标系 $X^{R}Y^{R}Z^{R}$ 的原点位置 O^{R},即完成了天线单元在锥面上的排布操作。

可以看出,在锥面共形阵列天线的单元排布过程中,最为关键的步骤是坐标轴的旋转平移操作,即将绝对坐标系 XYZ 变换至相对坐标系 $X^{R}Y^{R}Z^{R}$。其中,相对坐标系中的 X^{R} 轴相切于锥表面,且在俯视图下与原始绝对坐标系中的 X 轴平行;Z^{R}

轴垂直于锥表面;Y^R 轴由 Z^R 轴与 X^R 轴的叉乘得到。已知相对坐标系 $X^R Y^R Z^R$,我们可以通过欧拉旋转定理得到绝对坐标系 XYZ 变换至相对坐标系 $X^R Y^R Z^R$ 的旋转矩阵。对此,我们首先将绝对坐标系 XYZ 绕 Z 轴旋转 φ 角度,得到相对坐标系为 $X'Y'Z$,此处的 φ 代表锥面上任意天线单元中心位置在绝对坐标系下的方位角;接着围绕相对坐标系 $X'Y'Z$ 中的 Y' 轴旋转 θ 角度,得到相对坐标系为 $X''Y'Z'$,θ 代表天线单元中心坐标位置对应的俯仰角;最后,将 $X''Y'Z'$ 坐标系绕 Z' 轴旋转 γ 角度,即可得到最终的相对坐标系 $X^R Y^R Z^R$。现需求解 γ 的值,设锥面上任一点在绝对坐标系下的坐标值为 (x, y, z),在相对坐标系下的坐标为 (x^R, y^R, z^R),根据欧拉旋转定理,可以得到两个坐标之间的关系为:

$$\begin{bmatrix} x^R & y^R & z^R \end{bmatrix}^T = \boldsymbol{R} \begin{bmatrix} x & y & z \end{bmatrix}^T \tag{4.3}$$

旋转矩阵 $\boldsymbol{R}$ 由三个旋转矩阵相乘得到,即:

$$\boldsymbol{R} = \boldsymbol{R}_{Z'}(\gamma) \boldsymbol{R}_{Y'}(\theta) \boldsymbol{R}_Z(\varphi) \tag{4.4}$$

其中,$\boldsymbol{R}_Z$,$\boldsymbol{R}_{Y'}$,$\boldsymbol{R}_{Z'}$ 可以表示为:

$$\boldsymbol{R}_Z(\varphi) = \begin{bmatrix} \cos(\varphi) & \sin(\varphi) & 0 \\ -\sin(\varphi) & \cos(\varphi) & 0 \\ 0 & 0 & 1 \end{bmatrix} \tag{4.5}$$

$$\boldsymbol{R}_Y(\theta) = \begin{bmatrix} \cos\theta & 0 & -\sin\theta \\ 0 & 1 & 0 \\ \sin\theta & 0 & \cos\theta \end{bmatrix} \tag{4.6}$$

$$\boldsymbol{R}_{Z'}(\gamma) = \begin{bmatrix} \cos(\gamma) & \sin(\gamma) & 0 \\ -\sin(\gamma) & \cos(\gamma) & 0 \\ 0 & 0 & 1 \end{bmatrix} \tag{4.7}$$

将上述矩阵代入式(4.3),可得:

$$\begin{bmatrix} x' \\ y' \\ z' \end{bmatrix} = \begin{bmatrix} \cos\gamma & \sin\gamma & 0 \\ -\sin\gamma & \cos\gamma & 0 \\ 0 & 0 & 1 \end{bmatrix} \begin{bmatrix} \cos\theta & 0 & -\sin\theta \\ 0 & 1 & 0 \\ \sin\theta & 0 & \cos\theta \end{bmatrix} \begin{bmatrix} \cos\varphi & \sin\varphi & 0 \\ -\sin\varphi & \cos\varphi & 0 \\ 0 & 0 & 1 \end{bmatrix} \begin{bmatrix} x \\ y \\ z \end{bmatrix} \tag{4.8}$$

由于主极化方向选为 X 轴,其在绝对坐标系下的坐标可表示为 $[1, 0, 0]^T$,经过上述的旋转变换,其可表示为:

$$\begin{bmatrix} \cos\gamma\,\cos\theta\,\cos\varphi-\sin\gamma\,\sin\varphi \\ -\sin\gamma\cos\theta\,\cos\varphi-\cos\gamma\,\sin\varphi \\ x\,\sin\theta\,\cos\varphi \end{bmatrix} \qquad (4.9)$$

为了使 X 轴在旋转后仍然在绝对坐标系 X 轴下的分量最大,就必须令函数 $f(\gamma)=\cos\gamma\,\cos\theta\,\cos\varphi-\sin\gamma\,\sin\varphi$ 取得极值。由此可以得到:

$$\gamma=-\arctan\left(\frac{\sin\varphi}{\cos\theta\,\cos\varphi}\right) \qquad (4.10)$$

由上式即可确定出锥面阵列上每个天线单元所需进行的旋转变换。最后,由于锥面阵列上天线单元所在的中心位置可以由锥面的特征确定,因此阵元的平移变换可以直接由该中心位置的坐标确定。根据上述的旋转变换与平移变换,锥面阵列上天线单元的排布即可满足极化在 X 轴上具有最大分量的需求。

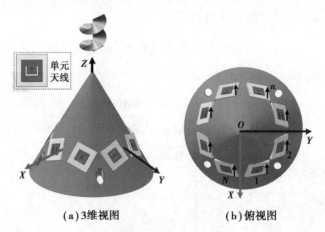

(a)3维视图   (b)俯视图

图4.6   单层均匀圆环锥面共形阵列天线产生涡旋电磁波的示意图

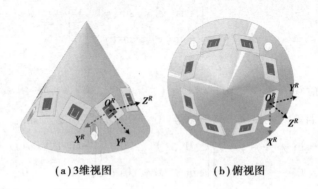

(a)3维视图   (b)俯视图

图4.7   锥面共形阵列的相对坐标系解析

4.2.2 单层均匀圆环锥面共形阵列天线产生 OAM 涡旋电磁波的性能分析

1)模式纯度分析

对于图4.1中所示的单层均匀圆环锥面共形阵列天线,我们同样在工作频率 $f_0=10$ GHz 的前提下固定其圆环半径为 $R=28.2$ mm,天线单元数量为 $N=8$。现改变圆锥的顶角 β,对锥面共形阵列中的每个单元按照式(4.1)进行相位补偿,分析所产生的 OAM 涡旋电磁波模式纯度变化情况,如图4.8所示。可以看出,当顶角 β 较小即锥面更尖时,较高模态($l=2$)的 OAM 涡旋电磁波模式纯度较低,随着 β 的增加,其纯度逐渐变高。而对于较低模式数的 OAM 涡旋电磁波来说,其模式纯度随着 β 的变化并不明显。这说明尖锥形共形阵列天线更适合于产生较低模态的 OAM 涡旋电磁波。可以推断,当模式数 l 继续增大时,OAM 涡旋电磁波的模式纯度会随着圆锥顶角 β 变化得更加明显。

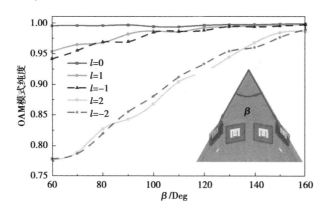

图4.8 单层均匀圆环锥面共形阵列天线在顶角 β 变化时,
所产生的 OAM 涡旋电磁波模式纯度的变化曲线[1]

2)近场分布特性

根据以上分析,我们固定圆锥的顶角 $\beta=60°$,对锥面共形阵列天线进行仿真和加工测试分析。其中,加工的天线样机同样采用 U 形槽微带天线作为单元并用加载数字移相芯片的功分网络进行馈电,测试的场景如图4.9所示。接着,仿真和测试得到天线在近场区的电场幅度和相位分布如图4.10所示,其中近场观察面距离天线口径的距离为1 m,尺寸为0.8 m×0.8 m。从近场的电场分布结果来看,锥面共形阵列天线可以有效地产生OAM涡旋电磁波,且测试的结果和仿真的结果吻合良好。

图4.9 单层均匀圆环锥面共形阵列天线样机的测试场景图

另外,OAM涡旋电磁波的螺旋相位面可以清晰地被观测到。然而,当轨道角动量的模式数l逐渐变大时,近场区的电场幅度零深区域变大,并且在相应的零深区域,相位中心也变得模糊。这与3.1.1节中单层均匀圆环平面阵列天线产生OAM涡旋电磁波的性能类似。但是与平面阵列天线相比,锥面共形阵列天线产生的OAM涡旋电磁波在近场的电场幅度分布更加不均匀;且当模式数增加时,其电场的相位分布在中心区域更加模糊。与柱面共形天线产生OAM涡旋电磁波的原理类似,这个也主要是由于锥面共形阵列中每个天线单元所呈现出的单元方向图因子不再一致(因为各天线单元的朝向不同);而模式数l较大的OAM涡旋电磁波一般具有较大的发散角,也就是说,其主波束所在的偏转角较大,这意味着,OAM涡旋电磁波束的主波束形状受阵列中单元方向图因子不一致的影响较大。因此,近场区的电场幅度分布不再是均匀的同心圆环形状。

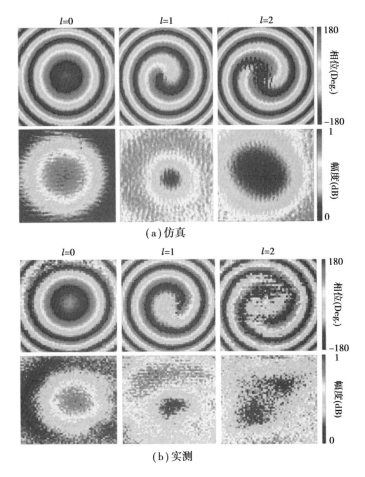

(a) 仿真

(b) 实测

图 4.10　单层均匀圆环锥面共形阵列天线产生模态为
$l=0,1$ 和 2 的 OAM 涡旋电磁波在近场区电场的相位和幅度分布

3) 远场辐射方向图的特性

此外,当圆锥的顶角 β 为 60°时,图 4.11 给出了单层均匀圆环锥面共形阵列天线产生不同模态的 OAM 涡旋电磁波仿真和测试的远场辐射方向图对比。首先,从图中可以看出测试的方向图特性和仿真的结果吻合较好。随着模式数 l 的增加,方向图中两个主瓣的夹角越来越大,而且,与单层均匀圆环平面阵列天线产生的 OAM 涡旋电磁波远场方向图相比,同样单元数量的锥面共形阵列天线产生涡旋波的方向图具有更高的副瓣电平,且模态越高的涡旋电磁波束副瓣越大。这同样是由锥面阵列上各天线单元方向图因子的不一致性导致的。

总的来说,我们验证了利用锥面共形阵列产生 OAM 涡旋电磁波的有效性,虽然在某些方面,其性能并不优于平面阵列天线,但是它可以为 OAM 涡旋电磁波应用于共形载体提供参考。

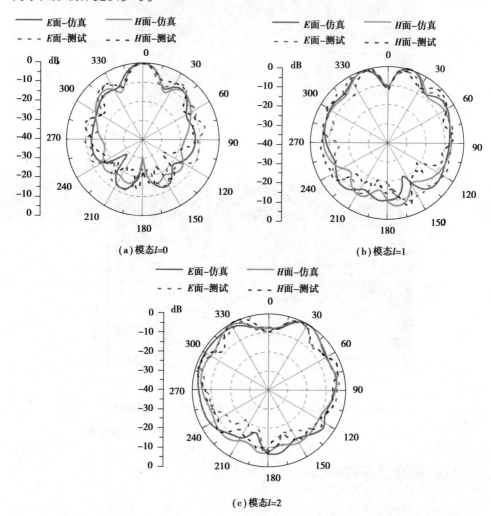

图 4.11 单层均匀圆环锥面共形阵列天线产生 OAM 涡旋电磁波的远场辐射方向图

4.3　基于球面共形阵列天线的涡旋电磁波扫描技术

前面已经介绍了利用平面阵列天线产生扫描的 OAM 涡旋电磁波束,然而,当在较大俯仰角下产生波束时,涡旋电磁波出现越来越明显的方向图畸变及相位中心模糊等现象。而且,随着模式数变大,OAM 涡旋电磁波在扫描时越来越易出现性能变差的情况。因此,本章将探讨基于球面共形阵列天线产生扫描的涡旋电磁波技术,使其在一定的扫描角范围内能够保持性能稳定。

4.3.1　球面共形阵列天线阵元分布模型

要在球面上排布天线单元,首先要将球面按照一定的规则剖分为多个多边形,接着在多边形上排布单元。为此,基于常见的正二十面体球面三角剖分法介绍阵元的分布模型[2]。

理想的正多面体包括五种:正四面体(包含 3 个等边三角形)、正六面体(即正方体)、正八面体(包含 8 个等边三角形)、正十二面体(包含 12 个等边五边形)、正二十面体(包含 20 个等边三角形)。任意选择上述一种正多面体,将其投影到球面上,可产生形状相同的球面多边形,从而形成球面剖分的基础图形。其中,由于正四面体、正八面体以及正二十面体均是由三角形侧面构成,它们可以对球面进行三角剖分。然而,根据球面几何原理,任何剖分方法都不可能使得球面栅格在剖分的过程中产生像平面栅格那样完全相同的几何特征[3],它们只能尽可能地达到近似相同的几何特征。其中,基于正二十面体的球面剖分法可以使得各个三角栅格之间具有最近似的几何特征,因而被广泛用于球面剖分的应用中[4,5]。

在本章介绍的球面共形阵列天线设计中,我们对原始球面基于正二十面体进行二次剖分[6,7]。首先,假设需要剖分的球面半径为 R,建立如图 4.12(a)所示的坐标系 $O\text{-}XYZ$,其中坐标原点 O 与正二十面体外接球的球心 O 重合,任取正二十面体中的一个侧面(即正三角形 ABC),如图 4.12(b)所示。设正二十面体的棱长为 L,A 点位于 OZ 轴,AB 边与 OX 轴共面。由于正二十面体中任意一个顶点均与五条棱相交,现将以 A 为交点的五条棱投影至 XOY 面上,得到投影棱。由正二十面体的性质可知,五条投影棱中相邻的两棱夹角相等,设为 $\gamma(\gamma=2\pi/5)$。由此可以得到 A,B,C 三点的矢量 $\boldsymbol{r}_1$,$\boldsymbol{r}_2$,$\boldsymbol{r}_3$ 如下:

$$\boldsymbol{r}_1 = R(0,0,1) \tag{4.11}$$

$$\boldsymbol{r}_2 = R(\sin\alpha,0,\cos\alpha) \tag{4.12}$$

$$\boldsymbol{r}_3 = R(\sin\beta\cos\gamma,\sin\beta\sin\gamma,\cos\beta) \tag{4.13}$$

要得到相邻点的矢量,可以通过矢量旋转得到:

$$\boldsymbol{r}_4 = R[\sin\alpha\cos(2\gamma),\sin\alpha\sin(2\gamma),\cos\alpha] \tag{4.14}$$

$$\boldsymbol{r}_5 = R[\sin\alpha\cos(3\gamma),\sin\alpha\sin(3\gamma),\cos\alpha] \tag{4.15}$$

$$\boldsymbol{r}_6 = R[\sin\alpha\cos(4\gamma),\sin\alpha\sin(4\gamma),\cos\alpha] \tag{4.16}$$

根据正二十面体的对称性以及以上表达式,可以推出正二十面体上其余的六个顶点坐标为:

$$\boldsymbol{r}_7 = -R(0,0,1) \tag{4.17}$$

$$\boldsymbol{r}_8 = -R(\sin\alpha,0,\cos\alpha) \tag{4.18}$$

$$\boldsymbol{r}_9 = -R(\sin\beta\cos\gamma,\sin\beta\sin\gamma,\cos\beta) \tag{4.19}$$

$$\boldsymbol{r}_{10} = -R[\sin\alpha\cos(2\gamma),\sin\alpha\sin(2\gamma),\cos\alpha] \tag{4.20}$$

$$\boldsymbol{r}_{11} = -R[\sin\alpha\cos(3\gamma),\sin\alpha\sin(3\gamma),\cos\alpha] \tag{4.21}$$

$$\boldsymbol{r}_{12} = -R[\sin\alpha\cos(4\gamma),\sin\alpha\sin(4\gamma),\cos\alpha] \tag{4.22}$$

1)基于正二十面体棱长的等分投影剖分

根据以上的正二十面体顶点坐标,对初始的模型进行剖分,即以正二十面体中任意 3 个相邻的顶点 A,B,C 为基准,寻找这三个点所在边的中点 D,E,F,对 D,E,F 在球面上进行球心投影,即沿径向投影到球面上,投影点为 D',E',F',则这些点的矢量可以表示为:

$$\begin{cases} \boldsymbol{OD} = (\boldsymbol{OA}+\boldsymbol{OB})/2 \\ \boldsymbol{OE} = (\boldsymbol{OC}+\boldsymbol{OB})/2 \\ \boldsymbol{OF} = (\boldsymbol{OA}+\boldsymbol{OC})/2 \end{cases} \tag{4.23}$$

$$\begin{cases} \boldsymbol{OD'} = R(\boldsymbol{OD}/|\boldsymbol{OD}|) \\ \boldsymbol{OE'} = R(\boldsymbol{OE}/|\boldsymbol{OE}|) \\ \boldsymbol{OF'} = R(\boldsymbol{OF}/|\boldsymbol{OF}|) \end{cases} \tag{4.24}$$

同理,对正二十面体所有边的中点进行球心投影,并将投影后得到的新点和原始正二十面体的顶点连接,即可得到 80 个三角形拼接的近似正多面体,如图 4.12 (c)所示。经过正二十面体棱长的等分投影剖分,球面内接多面体变为八十面体,其顶点数是 42 个,棱数是 120 条。其包含 20 个等边三角形和 60 个等腰三角形。

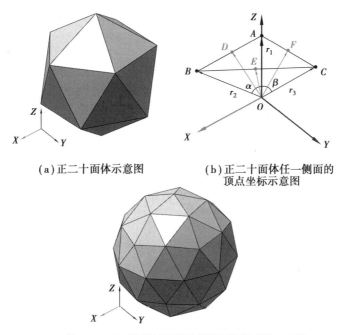

（a）正二十面体示意图　　　　　（b）正二十面体任一侧面的
　　　　　　　　　　　　　　　　　　　　顶点坐标示意图

（c）基于正二十面体棱长的等分投影剖分得到的80面体

图 4.12　基于正二十面体棱长的等分投影剖分

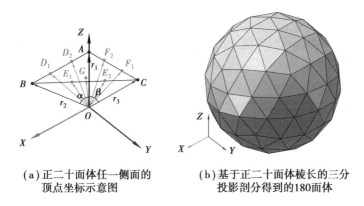

（a）正二十面体任一侧面的　　　（b）基于正二十面体棱长的三分
　　顶点坐标示意图　　　　　　　　投影剖分得到的180面体

图 4.13　基于正二十面体棱长的三分投影剖分

2)基于正二十面体棱长的三分投影剖分

同理,以正二十面体中任意三个相邻的顶点 A,B,C 为基准,寻找这三个点所在边的三等分点 D_1,D_2,E_1,E_2,F_1,F_2。对这些点在球面上进行球心投影,即沿径向投影到球面上,投影点为 $D'_1,D'_2,E'_1,E'_2,F'_1,F'_2$,如图4.13所示。这些点的矢量可以表示为:

$$\begin{cases} OD_1 = (OA-OB)/3+OB, OD_2 = (OA-OB)\cdot2/3+OB \\ OE_1 = (OC-OB)/3+OB, OE_2 = (OC-OB)\cdot2/3+OB \\ OF_1 = (OC-OA)/3+OA, OF_2 = (OC-OA)\cdot2/3+OA \end{cases} \tag{4.25}$$

$$\begin{cases} OD'_1 = R(OD_1/|OD_1|), OD'_2 = R(OD_2/|OD_2|) \\ OE'_1 = R(OE_1/|OE_1|), OE'_2 = R(OE_2/|OE_2|) \\ OF'_1 = R(OF_1/|OF_1|), OF'_2 = R(OF_2/|OF_2|) \end{cases} \tag{4.26}$$

另外,取三角形 ABC 的中心点 G:

$$OG = (OA+OB+OC)/3 \tag{4.27}$$

同理,对正二十面体所有边的三等分点及每个面的中心进行球心投影,并将投影后得到的新点和原始正二十面体的顶点连接,即可得到180个三角形拼接的近似正多面体,如图4.13(b)所示。基于上述的正二十面体的球面剖分法,可以得到具有80个或180个三角形网格面的剖分球面结构,接着,将天线单元排布在每个三角形面上,即可得到球面共形阵列天线拓扑图。

4.3.2 球面共形阵列天线产生扫描的 OAM 涡旋电磁波

1)波束形成技术

在研究球面共形阵列天线产生扫描的 OAM 涡旋电磁波束之前,我们先介绍基于球面共形阵列天线的波束形成技术。理想的球面共形阵列天线系统如图4.14所示。假设球面半径为 R,在球面沿着俯仰角和方位角方向均匀分布着 N 个天线单元,其中第 n 个单元所在的球坐标位置为 (R,θ_n,φ_n),θ_n 代表此单元所在的俯仰角,φ_n 表示其所在的方位角。现假设所需产生的主波束方向为 (θ_0,φ_0),则球面上任意一个天线单元所需补偿的相移可以由下式计算,其中 k_0 为自由空间的波数:

$$\phi_n = k_0 \left[x_n \sin(\theta_0) \cos(\varphi_0) + y_n \sin(\theta_0) \sin(\varphi_0) + z_n \cos(\theta_0) \right] \quad (4.28)$$

$$\begin{cases} x_n = R \sin(\theta_n) \cos(\varphi_n) \\ y_n = R \sin(\theta_n) \sin(\varphi_n) \\ z_n = R \cos(\theta_n) \end{cases} \quad (4.29)$$

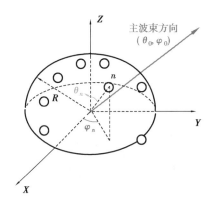

图 4.14　理想的球面共形阵列天线示意图

根据前一小节的叙述,我们可以得到基于三角形网格剖分的球面共形阵列天线拓扑图,如图 4.15 所示。此外,基于以上的相位补偿公式,在利用三角形网格面的剖分球面结构进行天线排布时,只需将式(4.28)中的天线单元的坐标(x_n, y_n, z_n)替换为三角形网格的中心位置坐标即可。与前面提到的锥面共形阵列天线单元极化修正问题类似,球面共形阵列中每个天线单元同样需要进行极化修正。这里极化修正的理论同 4.2.1 节类似,不再赘述。

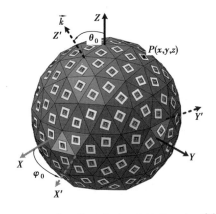

图 4.15　球面共形阵列天线结构示意图[8]

2)OAM 涡旋电磁波的扫描技术

首先,要产生法向的 OAM 涡旋电磁波,球面共形阵列上的天线单元所需补偿的相位可以参考式(4.1)。与柱面共形阵列天线产生涡旋电磁波类似,球面共形阵列上每个天线单元在 Z 轴的坐标不同,因此需要对 Z 轴坐标带来的相位差进行补偿。进一步地,要产生扫描的 OAM 涡旋电磁波,借助 3.2.1 节中基于旋转坐标法的扫描 OAM 涡旋电磁波理论即可。值得一提的是,上述所设计的基于三角形网格剖分的球面共形阵列天线拓扑中,一般需要将球面底部若干个三角形移除,以保证实际加工过程中天线单元的馈电不受球面结构的阻挡,如图 4.16 所示。

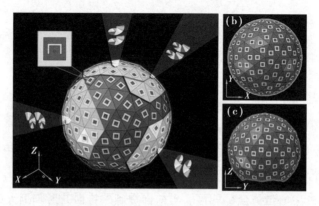

图 4.16 球面共形阵列天线产生扫描的 OAM 涡旋电磁波示意图

4.3.3 球面共形阵列天线激励单元的选取

为了能够产生稳定的扫描 OAM 涡旋电磁波束,一般会选取球面共形阵列上的部分天线单元进行激励。而且,当产生不同扫描角的 OAM 涡旋电磁波束时,选取的单元数量要尽量接近,这样方可保证稳定的波束扫描性能。图 4.17 给出了球面共形阵列产生 OAM 涡旋电磁波束时激励单元的选取原则。首先,假设所产生的涡旋波束方向确定(即 θ_0,φ_0 确定),这时涡旋波束的波矢 $\vec{k}$ 即可确定,这时我们需要确定三角形栅格剖分的球面顶点中距离波矢最近的点 Vs,即 $\min(\vec{k} \cdot \vec{OVs})$。接着,以 Vs 为中心,选取球面共形阵列上约两圈的天线单元作为激励单元,其余的单元不被激励,如图 4.17 中灰色实线所圈出的部分所示。这时,还需确定哪些天线单元属于所在中心点的两圈内的范围。假设需要被选取的单元中心位置为 P,从原

点到距离波矢最近的点 V_s 之间的距离为最小距离 $|OV_s|$,那么从原点到灰色线边缘点 $V_{\max}$ 之间的距离为最大距离 $|OV_{\max}|$。对于任意的 P,其应满足如下条件:

$$|OV_S| < |OP| < |OV_{\max}| \tag{4.30}$$

这样就可以确定需要被激励的天线单元。当涡旋波束扫描角变化时,按照上述的选取原则,每次所需激励的单元数量变化很小。因此可以保证不同扫描角的 OAM 涡旋电磁波束具有稳定的增益等性能。

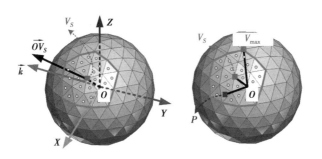

图 4.17　球面共形阵列天线单元的选取示意图

4.3.4 球面共形阵列天线和平面阵列天线产生 OAM 涡旋电磁波的对比

基于以上分析,我们对图 4.15 和图 4.16 所示的基于三角形网格剖分的球面共形阵列天线进行分析。首先,图中的所有天线单元是独立分开的,因此需要将去除天线单元的球面共形阵列拓扑设计为支架,以保证天线结构的稳定性,如图 4.18(a) 所示。利用 3D 打印技术对支架进行加工,材料为 PLA,将天线单元安装于支架上,即可得到球面共形阵列的实际样机,如图 4.18(b) 所示。加工的球面共形天线样机尺寸为 219 mm×230 mm×211 mm,其中所有的天线单元采用 U 形槽微带天线,天线单元所需的补偿相位通过基于数字移相器和 Wilkinson 功率分配器的移相网络实现。

在分析球面共形阵列天线的性能之前,我们先对平面阵列天线产生扫描的 OAM 涡旋电磁波束进行仿真分析以便对比。选取如图 4.19 所示的双层均匀圆环阵列天线,其单元数与上节所阐述的球面共形阵列选取的单元数接近,设定 OAM 涡旋电磁波束的模式数 $l=1$,方位角 $\varphi_0 = 0°$,现使 θ_0 从 0° 偏转至 90°,仿真得到的远场方向图如图 4.20 所示。可以看出,当俯仰角 $\theta_0 > 30°$ 时,即使是产生低模态的

OAM 涡旋电磁波,其远场方向图也出现了明显的畸变和增益下降等现象。

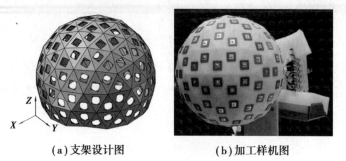

(a)支架设计图　　　　　(b)加工样机图

图 4.18　球面共形阵列天线

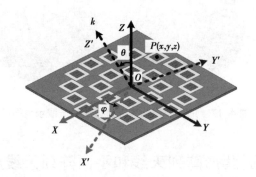

图 4.19　作为对比的平面阵列天线结构示意图

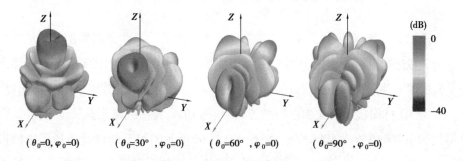

$(\theta_0 = 0, \varphi_0 = 0)$ 　$(\theta_0 = 30°, \varphi_0 = 0)$ 　$(\theta_0 = 60°, \varphi_0 = 0)$ 　$(\theta_0 = 90°, \varphi_0 = 0)$

图 4.20　平面阵列天线产生的扫描的 OAM 涡旋波束三维远场方向图

$(l = 1), (\theta_0, \varphi_0) = (0°, 0°), (30°, 0°), (45°, 0°), (60°, 0°)$

　　基于上节所述的部分单元激励法及扫描的 OAM 涡旋电磁波理论,我们设计并加工测试了一款球面共形阵列天线,用以产生扫描的 OAM 涡旋电磁波束。其中,加工的球面共形阵列天线样机采用近场扫描法进行测试,测试场景如图 4.21 所示。其中,涡旋电磁波的远场方向图基于测得的近场分布通过近远场变换得到。值得一提的是,在测试不同扫描角的 OAM 涡旋电磁波时,按照 4.3.3 小节中天线单元的选取原则,选取不同的激励单元,如图4.22所示。在方位角固定($\varphi_0 = 0°$),俯仰角θ_0从0°偏转至90°的过程中,利用图4.22所示的球面共形阵列天线产生扫描的OAM涡旋电磁波束分别需要激励20、23、24个单元。

图4.21　球面共形阵列天线产生涡旋电磁波的实际测试场景图

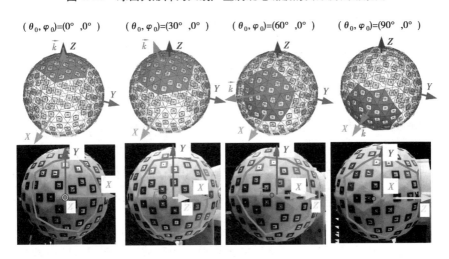

图4.22　球面共形阵列天线样机在测试不同扫描角的OAM涡旋电磁波束时
选取的天线单元示意图

首先,我们仿真分析球面共形阵列天线产生方位角固定($\varphi_0 = 0°$),俯仰角θ_0从0°偏转至90°的OAM涡旋电磁波束(模式数$l = 1$),其远场方向图如图4.23(a)所示,测试的结果如图4.23(b)所示。可以看出,在扫描角θ_0从0°变换至90°的过程中,OAM涡旋电磁波的远场方向图未出现任何畸变和增益下降的现象。对比图4.20中平面阵列天线产生扫描的OAM涡旋波束三维远场方向图,可以推断,球面共形阵列天线可以大大地提高涡旋波束在大扫描角下辐射方向图的稳定性。此外,利用图4.16所示的部分球面共形阵列天线,可以实现前半空域($\theta_0 = 0° \sim 90°$)

涡旋波束的稳定覆盖。

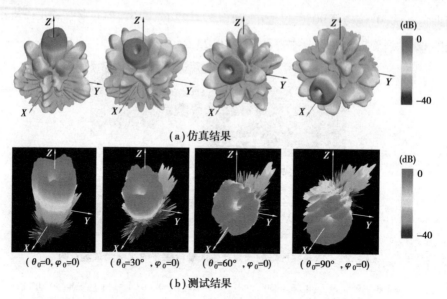

（a）仿真结果

（ $\theta_0=0$, $\varphi_0=0$ ）　（ $\theta_0=30°$, $\varphi_0=0$ ）　（ $\theta_0=60°$, $\varphi_0=0$ ）　（ $\theta_0=90°$, $\varphi_0=0$ ）

（b）测试结果

图4.23　球面共形阵列天线产生的扫描的 OAM 涡旋波束三维远场方向图

（ $l=1$ ），（ θ_0 , φ_0 ）=（ $0°$, $0°$ ）、（ $30°$, $0°$ ）、（ $45°$, $0°$ ）、（ $60°$, $0°$ ）

图4.24 给出了球面共形阵列天线产生的扫描的 OAM 涡旋波束（模式数 $l=1$ ）近场电场的幅度和相位分布图，其中近场观测面距离天线 1 m，尺寸为 0.82 m× 0.82 m。可以看出，当扫描角 θ_0 从 0°变化至 90°时，电场幅度分布的中心零深区域始终保持稳定，无扩散现象；而电场相位分布是均匀的螺旋结构，未出现相位模糊等现象。此外，测试的结果和仿真结果吻合良好。然而，当扫描角较大（ $\theta_0>60°$ ）时，测试的电场分布出现了波纹抖动的现象，这主要是由于在测试大扫描角的 OAM 涡旋电磁波近场分布时，所激励的天线单元的区域距离天线的馈电网络以及支撑平台太近，出现了辐射场被干涉以及反射的现象。

此外，利用球面共形阵列天线，我们仿真和测试了在法向产生不同模式数的 OAM 涡旋电磁波近场的电场幅度和相位分布，如图 4.25 所示。可以看出，仿真和测试的结果吻合良好，电场的相位分布均满足涡旋电磁波的螺旋分布特征；随着模式数的增加，电场幅度分布的中心零深区域变大。

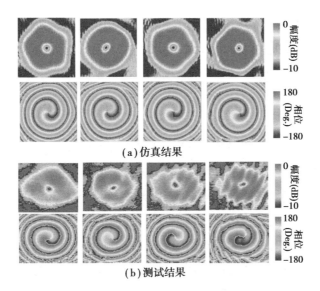

图4.24　球面共形阵列天线产生的扫描的 OAM 涡旋波束近场电场的幅度和相位分布图

$(l=1)$，$(\theta_0,\varphi_0)=(0°,0°)$、$(30°,0°)$、$(45°,0°)$、$(60°,0°)$

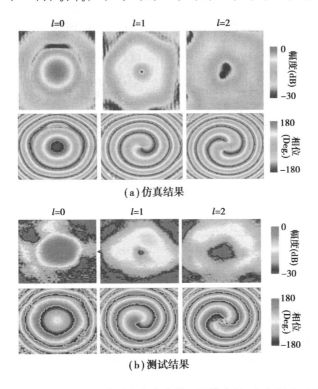

图4.25　球面共形阵列天线在法向上产生的不同模态$(l=1,2,3)$OAM 涡旋波束

近场电场的幅度和相位分布图

4.3.5 球面共形阵列天线产生 OAM 涡旋电磁波的最大模式数

对于球面共形阵列天线来说,当涡旋波束的指向固定,所激励的单元区域能产生的涡旋波最大模式数也需要确定,这样才能保证产生的涡旋电磁波辐射场没有畸变。正如前面所讲的,涡旋电磁波的最大模式数由均匀圆环阵列天线的单元数决定,因此,对于球面共形阵列天线来说,其能产生的 OAM 涡旋电磁波最大模式数也可以确定。图 4.26 给出了球面产生某一指向的 OAM 涡旋电磁波时所激励的天线单元区域,可以看出,这一区域可以被看作不规则的双层圆环阵列,内层单元数为 6,外层单元数为 18。这时,根据式(3.8)可以算出利用此区域的激励单元可以产生的 OAM 涡旋电磁波最大模式数为 8(以外环单元数进行计算)。

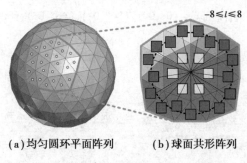

(a)均匀圆环平面阵列　　(b)球面共形阵列

图 4.26　计算 OAM 模式数范围的示意图

本章小结

本章在平面阵列天线产生 OAM 涡旋电磁波的研究基础上,进一步深入探讨了利用包括柱面、锥面以及球面在内三种常见的共形阵列天线来产生 OAM 轨道角动量涡旋电磁波的可行性,其中重点讨论了在设计锥面和球面共形阵列天线时,天线单元的极化控制问题及其修正理论;此外,基于球面剖分理论,我们给出了常见的球面共形阵列天线阵元分布模型。利用共形阵列天线研究 OAM 涡旋电磁波的产生可以为共形载体上的 OAM 涡旋电磁波通信系统研制带来思路和参考。

第5章　基于人工电磁表面天线的涡旋电磁波产生方法

前面介绍了利用平面阵列天线和共形阵列天线产生涡旋电磁波的理论,分析了各种阵列天线产生 OAM 涡旋波的特征。然而,利用阵列天线存在馈电网络复杂、成本较高等缺点。人工电磁表面天线是近年来发展迅速的新型天线技术,它具有灵活调控电磁波相位的独特优势,能将螺旋抛物反射面天线和传统相控阵天线的优点有机地结合在一起。本章将基于人工电磁表面探讨涡旋电磁波的产生,从反射型表面、透射型表面以及人工阻抗表面三个方向展开讨论。

5.1　基于反射型人工电磁表面产生涡旋电磁波

反射型人工电磁表面天线,也称反射阵列天线,一般包括馈源天线和反射阵列,其中平面反射阵列中的每个单元可以为馈源天线提供相位调制,从而产生所需的各种波束,如高增益波束、多波束或涡旋电磁波束等。反射型人工电磁表面天线具有质量轻、结构简单、加工成本低、设计灵活等诸多优势。接下来我们对反射阵列天线产生涡旋电磁波束进行探讨。

5.1.1 反射型人工电磁表面天线产生涡旋电磁波的理论

反射型人工电磁表面天线通常由大小尺寸不同但拓扑结构相同的单元构成[1],通过对每个反射单元进行针对性设计"相位突变",可对反射波束的相位进行精确调制,从而使反射波束在电磁表面上形成具有 $\exp(-jl\varphi)$ 的相位分布,进而产生 OAM 涡旋电磁波束。与透射型螺旋相位板、螺旋反射面天线、环形相控阵天线相比,反射型人工电磁表面天线具有很多优点。首先,每个电磁表面单元的相位都具有独立调整的能力,因此设计自由度大,能产生模态纯净的 OAM 涡旋电磁波束,并且还能实现很好的交叉极化特性;同时,反射型人工电磁表面天线的剖面通常很低,一般远小于工作波长,因而占用空间小,同时质量也轻;其次,在微波频段通常采用传统 PCB 技术进行加工,因此造价低,使用柔性介质基板还可制成易折叠、易展开、易共形的天线。由于是平面印刷结构,因此能大幅降低结构设计的复杂性。除此以外,反射型人工电磁表面天线,由于本身具有移相功能,因而不需要外加馈电网络,所以不存在馈电损耗,特别是在大口径条件下,也能很容易实现高效的口径利用效率。

鉴于反射型人工电磁表面天线具有传统天线无法比拟的多种优点,国内外研究者们已经对其做了大量深入而细致的研究工作。而携带 OAM 涡旋电磁波,作为一种极具潜力的新型无线通信载体,未来有可能在无线通信技术掀起颠覆性革命,目前已成为国内外研究者们所关注的热点。通过上面的讨论可知,反射型人工电磁表面在 OAM 涡旋电磁波束的产生方面具有很大的应用潜力和研究价值,为了进一步验证分析的正确性,本章将实际采用反射单元结构,构造可以有效产生 OAM 涡旋电磁波束的反射型人工电磁表面,并给出了详细设计过程和设计流程。在下面的讨论中,我们将看到反射型人工电磁表面天线在产生涡旋电磁波方面具有诸多独特的优势。

基于反射型人工电磁表面的 OAM 涡旋电磁波天线由馈源天线和反射型人工电磁表面两部分构成。当电磁表面上的单元被馈源天线发出的电磁波束照射时,可以将反射波束调制成螺旋相位波前,以形成特定模态的 OAM 涡旋电磁波波束。通常来说,馈源天线可以采用标准增益喇叭,其发出的常规电磁波束照射在电磁表面上时,电场呈现近似为球面波前,其相位是单元中心与馈源相位中心距离的函数。根据环形阵列天线产生 OAM 涡旋电磁波的基本理论,在阵面上需要形成具有的 $\exp(-jl\varphi)$ 相位分布,才可在给定方向上形成所需的 OAM 涡旋电磁波波束。由于反射型人工电磁表面中的每个单元的反射相位都可独立设定,通过设计适当的"相位突变",即可将馈源照射的球面波前转化为固定模态的 OAM 涡旋波束。

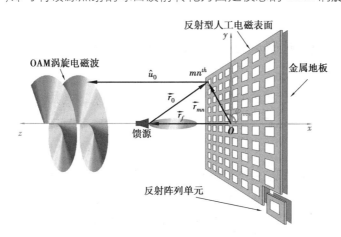

图 5.1　使用反射型人工电磁表面产生轨道角动量波束的原理示意图[2]

参照如图 5.1 所示的几何关系,将馈源喇叭天线的相位中心放置在 $\vec{r}_f$ 处,当馈源喇叭发出的电磁波照射到由 $M \times N$ 个单元组成的人工电磁表面时,空间中任意位置处的电场可近似表示为电磁表面上所有单元辐射场的叠加,可近似表示成如下式子:

$$\vec{E}(\hat{u}) = \sum_{m=1}^{M} \sum_{n=1}^{N} F(\vec{r}_{mn} \cdot \vec{r}_f) A(\vec{r}_{mn} \cdot \hat{u}_0) A(\hat{u}_0 \cdot \hat{u})$$
$$\cdot \exp\{-jk_0[|\vec{r}_{mn} - \vec{r}_f| + \vec{r}_{mn} \cdot \hat{u}] + j\phi_{mn}^c\} \qquad (5.1)$$

其中 A 为单元辐射方向图,F 为馈源的辐射方向图函数,$\vec{r}_{mn}$ 和 $\vec{r}_f$ 分别是第 mn 个辐射单元的位置矢量和馈源位置矢量。而我们知道,携带 OAM 的涡旋电磁波波束应具有 $\exp(-jl\varphi)$ 相位因子,因此,电磁表面上各个单元所需提供的"相位突变"应为:

$$\phi_{mn}^c = k_0[|\vec{r}_{mn} - \vec{r}_f| + \vec{r}_{mn} \cdot \hat{u}_0] \pm l\varphi_{mn} \qquad (5.2)$$

ϕ_{mn}^c 是每个单元的补偿相位,$\hat{u}_0$ 为主波束方向,φ_{mn} 是电磁表面单元在极坐标下的方位角度值,l 是 OAM 模态数。

以上计算方法借鉴了传统阵列天线的综合技术,这种方法忽略了阵列单元间的耦合影响,不过由于单元间拓扑结构极为相似,因此耦合影响并不是特别明显,采用该方法可以得到一个性能较好的 OAM 涡旋电磁波束。由于反射单元只提供"相位突变",并不对反射波束的幅度进行调制,因此不能对副瓣电平进行综合。尽管如此,通过反射型人工电磁表面天线获得 OAM 涡旋电磁波束却是简单可行的。

5.1.2　反射型人工电磁表面单元分析

要设计一个性能优越的 OAM 涡旋电磁波反射型人工电磁表面,首先需要选择一款性能优良的反射单元。通常来说,单元的"相位突变"范围需要足够大,最好大于或等于 360°。其次,单元"相位突变"的特性曲线要有较好的线性度,同时,随单元尺寸变化的反射相位曲线最好有一个较小的斜率。相位曲线斜率较大意味着单元结构尺寸对加工精度过于敏感,这样较小的加工精度误差也会导致较大的相位偏移。经过综合考虑,本章选用如图 5.2 所示的"三振子"结构作为反射单元,该结构单元由一个中心振子和一对伴随振子组成,具有多个谐振频率,属于多谐振结构,因此可以提供较大的相移覆盖范围,同时该单元的相移特性曲线具有较好的线性度,且反射损耗很低。文献中曾有报道使用该单元结构设计宽带反射阵列,以解决 CDMA(WCDMA)盲区覆盖问题,之后还有将其用于 X 波段的卫星通信系统的报道,这些应用先例已经验证了该单元具有较强的实用性。

对于本章中所使用的"三振子"单元,中心振子长度与伴随振子长度存在固定比例系数 γ,当中心振子的长度为 L 时,其伴随振子长度为 γL,因此,只需通过改变中心振子的长度,伴随振子的长度也会相应变化。"三振子"结构采用 PCB 工艺印刷于厚度 $t=1$ mm 的 F4B($\varepsilon_r = 2.65$)介质基板上,基板层下面是厚度 $T=5$ mm 的空气层,空气层下方是金属反射背板。本章采用基于 FEM 的全波三维电磁仿真软件 ANSYS HFSS 进行仿真分析,通过使用周期边界分析方法,可以计算得到随着"三振子"单元长度 L 变化反射特性曲线,如图 5.3 所示。

从上面对单元反射特性的仿真结果可以看出,"三振子"单元结构的相移覆盖范围大于 360°,同时反射相移随着振子长度 L 变化下降较为平缓,有一定的线性度。除此之外,还可以看到,不同长度的单元反射幅度均处于较低水平,最大损耗仅 0.4 dB,完全符合作为一款优良性能人工电磁表面单元的条件。因此,本章采用这款单元,进行反射型人工电磁表面的设计,用于产生携带 OAM 的涡旋电磁波。

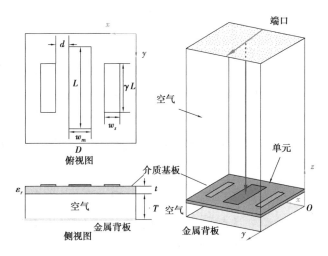

图5.2　"三振子"单元结构及其仿真设置示意图[3]

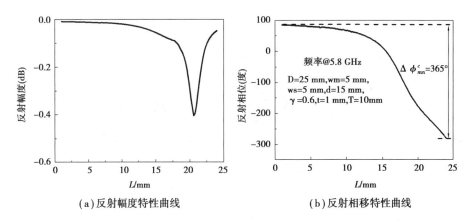

（a）反射幅度特性曲线　　　　　（b）反射相移特性曲线

图5.3　"三振子"单元关于中心振子长度 L 变化时的反射幅度特性曲线和反射相移特性曲线

5.1.3　反射型人工电磁表面产生单 OAM 涡旋电磁波束

在上面的分析中,讨论了产生 OAM 涡旋电磁波束,反射型人工电磁表面上各个单元需要满足的相移分布条件。与此同时,通过数值仿真分析,选取"三振子"作为人工电磁表面所用的单元结构类型。为了验证设计方法的有效性,本节将给出一个设计实例。Bo Thide 等人曾使用螺旋反射面天线获得了模态 $l=1$ 的 OAM 涡旋电磁波束,由于这类方法基于几何光学原理,若想实现高模态 OAM 波束却显得尤为困难。为了突出人工电磁表面方法的优点,下面的设计实例选取 OAM 模式 $l=2$,中心频率设定为 $f=5.8$ GHz,参照图 5.1 所示的几何关系,不妨将 OAM 涡旋

波束的方向设置为正 z 轴向,即 $\hat{u}_0 = (0,0,1)$。对于传统反射面天线,往往需要采用偏馈方式以避免对波束的遮挡,而 OAM 涡旋电磁波束具有中心能流最小的特点,对于 OAM 人工电磁表面天线,正向馈电反而对波束造成的遮挡更小,因此本章将馈源喇叭垂直放置于电磁表面轴向 $r_f = (0,0,0.4)$ m 处进行正向照射。可以用公式(5.2)对电磁表面所需提供的相移进行计算,计算过程可以这么理解:首先,若想产生一个理想的 OAM 涡旋电磁波束,电磁表面上需要形成 $\phi_R = l\varphi_{mn}$ 的波前相位分布,而实际中馈源喇叭照射到电磁表面时,会产生一个初始相位分布 $\phi_I = k_0 |\vec{r}_{mn} - \vec{r}_f|$。因此若要形成良好特性的 OAM 涡旋波束,必须扣除馈源照射的影响,所以,电磁表面上所需提供的相移分布可以表示为 $\phi_{mn}^c = \phi_R - \phi_I$。对于 OAM 模式 $l=2$ 的设计实例,电磁表面各个位置处单元所需提供相移分布的计算过程如图 5.4 所示。

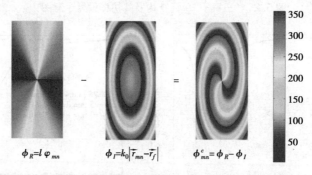

$$\phi_R = l\,\varphi_{mn} \qquad \phi_I = k_0 |\vec{r}_{mn} - \vec{r}_f| \qquad \phi_{mn}^c = \phi_R - \phi_I$$

图 5.4　OAM 人工电磁表面所需提供相移分布的计算过程

对于一个单元规模为 20×20 的正方形排布,电磁表面尺寸大小为 0.5 m×0.5 m,馈源位置的焦径比(F/A)为 0.8,最大波束指向 u_0 为法向,阵元间距取为 25 mm(约 $\lambda/2$)。单元形式采用前文所述的"三振子"结构,振子印刷在厚度为 1 mm 的 F4B 介质板上,介质和地板之间有 5 mm 的空气层。基于上面所述的计算方法可以得到的产生不同模态 OAM 涡旋电磁波的人工电磁表面相移分布,如图 5.5(a)所示。将图 5.3(b)中所示的单元反射相移关于单元结构尺寸的关系代入,可得到产生不同 OAM 模态的人工电磁表面实际拓扑结构,如图 5.5(b)所示。

本章中使用了基于有限元方法的电磁仿真软件 ANSYS HFSS 对图 5.5(b)所示的阵列进行仿真。为了检验 OAM 涡旋电磁波的产生效果,我们在距离阵面 $z=3$ m 的位置处观察电场的相位分布如图 5.6(a)所示,三维方向图如图 5.6(b)所示。可以看到,观察面上的电场相位分布呈现为顺时针螺旋状,其中模态 $l=1$ 时是单臂螺旋,模态 $l=2$ 和模态 $l=4$ 时分别是双臂和四臂螺旋结构,这与前人在光学涡旋中所观察到的结果相吻合。进一步观察三维方向图特性,我们可以看到,不同模态下的三维方向图都呈现为中心凹陷的结构,这正好符合涡旋电磁波的辐射特性。因此,从仿真结果上看,基于反射型人工电磁表面是可以有效产生各种模态的涡旋电磁波的。

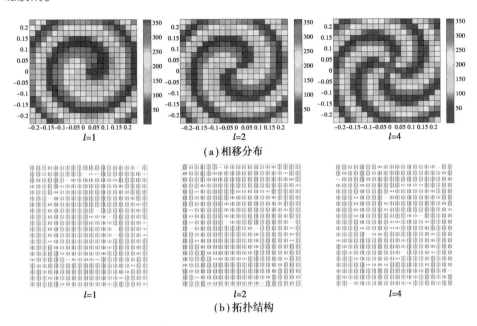

(a) 相移分布

(b) 拓扑结构

图 5.5　产生不同 OAM 模态的人工电磁表面的相移分布及拓扑结构

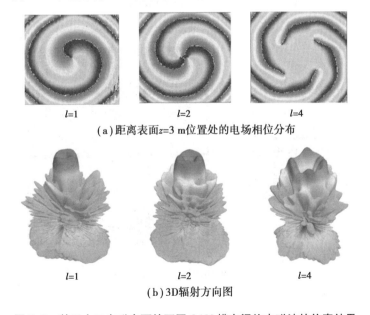

(a) 距离表面 $z=3$ m 位置处的电场相位分布

(b) 3D 辐射方向图

图 5.6　基于人工电磁表面的不同 OAM 模态涡旋电磁波的仿真结果

为了进一步验证分析的正确性,本章实际加工了如图5.7(a)所示可产生 OAM 模态 $l=2$ 的拓扑结构,加工并组装好的 OAM 涡旋电磁波束的实验装置如图5.7(b)所示。印有振子的人工电磁表面与金属地板间通过介质螺钉连接,留有一个5 mm 的空气层,馈源是一个工作于 2~18 GHz 的宽带喇叭天线,并固定于塑料支架上。

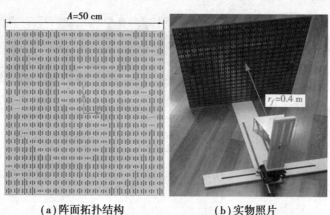

(a)阵面拓扑结构   (b)实物照片

图5.7　产生 OAM 涡旋电磁波束的实验装置

本章对图5.7所示产生 OAM 模态 $l=2$ 轨道角动量的人工电磁表面天线进行了平面近场扫描实验。实验测试示意图如图5.8所示,天线被固定在木质支架上,实验中使用开口波导作为标准近场测量探针。平面扫描架与人工电磁表面相距3 m,采样尺寸为 1.1 m×1.1 m,采样间距为 10 mm。

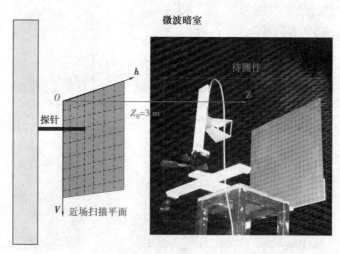

图5.8　近场扫描实验测试示意图

　　通过平面近场扫描可以得到的天线辐射近区的电场的幅度和相位数据,由于设计产生的 OAM 涡旋电磁波是线极化,因此只需测量电场垂直分量 E_v,测量得到电场强度 $|E_v|$ 分布如图 5.9(b)所示。从图中可以明显看到电场沿圆周方向较强,中心场强较弱。对比仿真结果[图 5.9(a)]和测量结果[图 5.9(b)],可以发现电场强度分布的趋势相同——电场均呈现为中心弱、圆周上强的特点。电场强度所呈现的中心较弱现象正好符合 OAM 涡旋波束存在中心空洞的特征。进一步观察电场的相位分布,对比仿真结果[图 5.9(c)]和测量结果[图 5.9(d)],可以看到观察面上得到的相位分布呈螺旋形,同时在中心存在相位奇点。然而,测量结果[图 5.9(c)]与仿真结果[图 5.9(d)]相比存在一些问题,可以看到测量面中下方位置处的相位分布不够清晰。这一问题是由馈源喇叭的塑料支撑结构遮挡导致,尽管如此,测试结果与仿真分析还是有比较好的吻合度。虽然天线的近场分布测量结果与仿真结果存在一定误差,但是足以体现出 OAM 涡旋电磁波的基本特点。图 5.9(e)和(f)分别是仿真和实测的三维方向图的俯视图。通过对比可以发现两者高度一致,中心均存在零深。以上结果均与前人在光学涡旋中观察到的情况类似,本章中的仿真与实验相互印证,验证了设计的有效性和正确性。

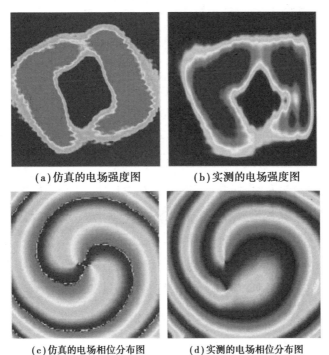

(a)仿真的电场强度图　　　　　　　(b)实测的电场强度图

(c)仿真的电场相位分布图　　　　　(d)实测的电场相位分布图

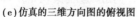
(e)仿真的三维方向图的俯视图　　　(f)实测的三维方向图的俯视图

图5.9　仿真与实验结果对比

如图5.10所示为人工电磁表面天线产生 OAM 涡旋波束的带宽特性,本章观察了不同频率下仿真得到的电场相位分布[图5.10(a)]、仿真得到的三维方向图特性[图5.10(b)]以及最大增益频率特性[图5.10(c)]。可以看到,本章产生的 OAM 涡旋电磁波具有一定的带宽,大约覆盖5.5 ~ 6.5 GHz,相对带宽约17%。图5.10(d)所示为5.5 GHz 和6.5 GHz 两个频率下实验测量得到的电场相位以及使用二维傅里叶变换得到的远场方向图,与图5.10(a)和(b)的仿真结果进行比较,可以验证结果的有效性。

为了观察涡旋波束的传播特性,基于上面的单个涡旋波束的反射型人工电磁表面模型,我们可以进一步对比观察两个不同距离的截面电场。首先,在距离天线表面 $D_1 + D_2 = 1.2$ m 位置处截取了一个边长 $B_1 = 70$ cm 的正方形平面作为观察面,对电场分布进行观察。从图5.11所示的仿真结果可以看出,从馈源喇叭发出的常规波束,经人工电磁表面反射后,电场分布呈现为4条旋转的轨道曲线,呈现为 OAM 模态 $l=2$ 的电场特性。

我们进一步观察位于电磁表面轴向 $D_1 + D_2 = 10$ m 位置处的电场分布,为了便于对比分析 OAM 涡旋电磁波束的衍射现象,观察面的大小从之前的70 cm×70 cm 增大为300 cm×300 cm。从图5.12所示仿真结果可以看出,涡旋电磁波经过一段距离的传播后 OAM 模态保持不变,电场分布仍然呈现为四条漩涡,与近距离观察时的特性一致。但细致观察后可以发现,原先70 cm×70 cm 的观察尺寸内的电场强度已经变弱,这说明波束确实发生了一定的衍射扩散。

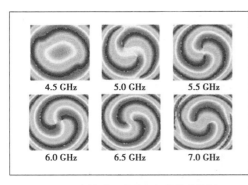

（a）不同频率下的电场相位仿真结果

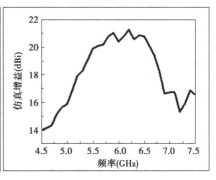

（b）不同频率下的三维远场方向图仿真结果

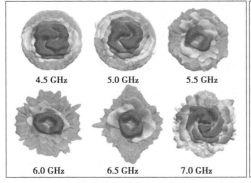

（c）最大增益带宽特性

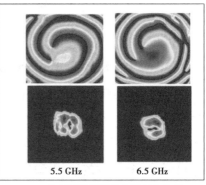

（d）实验测量得到的电场相位和经
傅里叶变换后得到的方向图

图 5.10 所产生的 OAM 涡旋电磁波的带宽特性

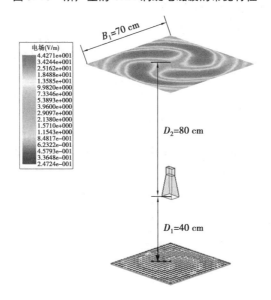

图 5.11 距离天线相对位置 1.2 m 的电场强度分布图

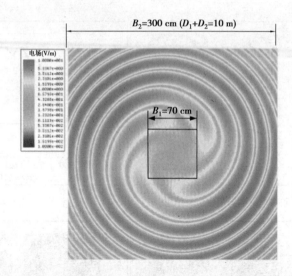

图 5.12　距离天线相对位置 10 m 的电场强度分布图

　　由于 OAM 涡旋电磁波束的中心具有相位奇点,场强具有一个中心零深,为了较好地接收 OAM 涡旋波束,达到较高的传输效率和较远传播的距离,要求发射的 OAM 涡旋波束具有很小的发散角特征。由于本章所述的 OAM 天线是基于人工电磁表面原理进行设计的,通过调制整个口径面的相位分布实现涡旋波束,因此可以达到很高的口径利用率,进而能够形成具有高定向性和小发散角的 OAM 涡旋波束。图 5.13 是天线的二维远场方向图,可以看到方向图在 $\theta=0°$ 有一个中心凹陷,最大增益约 20.6 dBi,波束发散角约 7°。

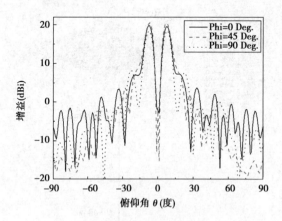

图 5.13　仿真得到的二维远场方向图

5.1.4 反射型人工电磁表面产生多 OAM 涡旋电磁波束

目前,传统轨道角动量天线只能在单一方向上具有高增益特性,因此覆盖范围狭小,且模态单一,通信容量狭窄。采用传统轨道角动量天线只能通过增加天线的数量,同时调整不同天线的摆放位置以实现更大范围的覆盖。这样不但成本高,配置复杂,而且当天线预留安装空间有限时难以安装,不能满足实际通信中的要求。本节主要研究了使用单个人工电磁表面产生多个角动量波束的实现方法产生多个角动量波束,解决现有技术无法在单一工作频率下同时产生多个面向不同方向辐射、模态数相同或不同的轨道角动量涡旋波束的问题。本方法可以有效增加轨道角动量无线通信系统的容量和覆盖范围,可应用于无线通信系统中不同信号的调制和复用[4]。

1)设计方法

首先,根据图 5.14,选定几何位置关系。选定馈源的中心相对位置 r_f、波束指向 $u_k = (\theta_k, \varphi_k)$、每个电磁表面反射单元的第 m 行第 n 列中心相对位置 r_{mn} 和直角坐标下的坐标(x_{mn}, y_{mn})。其中,θ_k 是第 k 个波束与 z 轴正向的夹角,φ_k 是第 k 个波束在 xOy 面上的极坐标方位角。然后,计算补偿相位矩阵:给定工作频率 f 和轨道角动量本征模态 l_k,计算每个电磁表面反射单元所需的补偿相位 φ_{mn}^c:

$$\varphi_{mn}^c = -\frac{2\pi}{\lambda} |\vec{r}_{mn} - \vec{r}_f| + \arg\left\{ \sum_k \exp\left[i\left(\frac{2\pi}{\lambda}\vec{r}_{mn} \cdot \hat{u}_k \pm l_k \Phi_k\right)\right]\right\} \quad (5.3)$$

其中,$\Phi_k = \arg\{x_{mn} \cos\theta_k \cos\varphi_k + y_{mn} \sin\theta_k \sin\varphi_k + i(-x_{mn}\sin\varphi_k + y_{mn}\cos\varphi_k)\}$ 表示中间变量,$m = 1,2,\cdots,M, n = 1,2,\cdots,N, M$ 和 N 分别是电磁表面反射单元的总行数和总列数,λ 为电磁波的工作波长,φ_{mn}^c 为第 m 行第 n 列的电磁表面反射单元的补偿相位,i 是复数中的虚数单位。

根据电磁表面所需补偿相位 φ_{mn}^c 选取 $M \times N$ 个不同尺寸的方形金属贴片作为相移单元,即不同尺寸的金属贴片补偿相位与相移网络所需相移量 φ_{mn}^c 一一对应,并将这些方形金属贴片印制到介质基板上形成人工电磁表面。

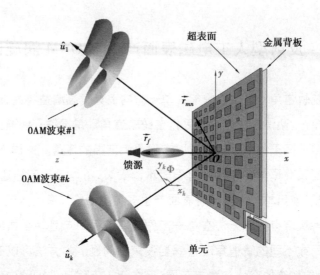

图 5.14　产生多个角动量的人工电磁表面几何关系示意图

2)反射阵单元设计

这里,我们采用矩形贴片作为人工电磁表面单元,每个电磁表面单元周期为 25 mm,印制于介电常数 $\varepsilon_r=2.2$ 的 F4B 基板上。介质基板厚度 $t=1$ mm,基板下方是高度为 $T=2.7$ mm 的空气层,空气层下方则为金属背板,单元结构如图 5.15(a)所示。使用有限元电磁仿真软件 HFSS 仿真单元在 5.8 GHz 频率下的相位特性,可得如图 5.15(b)所示的相位曲线。

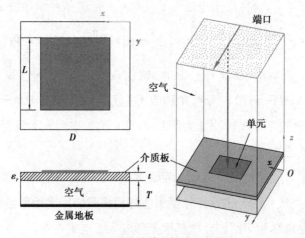

(a)矩形贴片单元结构示意图

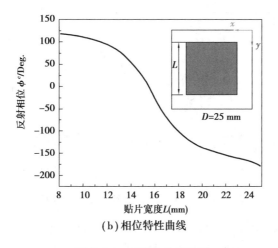

（b）相位特性曲线

图5.15　反射阵单元设计

3）性能分析

基于图5.14的相位特性和阵面相位计算公式，可以设计工作于5.8 GHz产生多个角动量波束的人工电磁表面。为方便说明和展示，这里产生的角动量波束数量为2，人工电磁表面的阵面尺寸为50 cm×50 cm，馈源喇叭天线距离电磁表面的距离是0.4 m。这里做了两个仿真实例，第一个实例产生两个轨道角动量波束，其中第一个波束模态数 $l_1 = 1$，波束指向是 $\theta_1 = +30°$，$\varphi_1 = +90°$；第二个波束模态数 $l_2 = 2$，波束指向 $\theta_2 = +30°$，$\varphi_2 = -90°$。第二个实例也产生两个轨道角动量波束，其中第一个波束模态数 $l_1 = 1$，波束指向是 $\theta_1 = +30°$，$\varphi_1 = 0°$；第二个波束模态数 $l_2 = 1$，波束指向 $\theta_2 = +30°$，$\varphi_2 = +90°$。仿真结果如图5.16所示。图5.16（a）和（b）分别是两个实例的三维方向图，图5.16（c）和（d）分别是两个实例的波前相位，观察面距离阵面中心位置3 m。

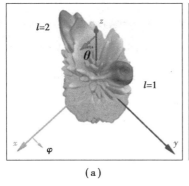

（a）

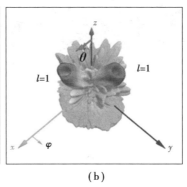

（b）

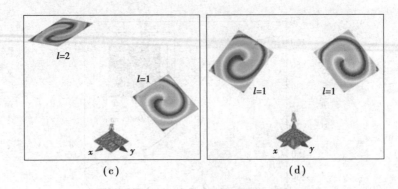

图 5.16　多个轨道角动量波束产生效果

　　为了进一步验证理论模型和仿真分析的正确性,我们实际加工制作了一款可以同时产生两个轨道角动量波束的人工电磁表面。其中,第一个波束模态为 $l_1 = 2$,波束指向为 $\theta_1 = -30°$,$\varphi_1 = 0°$。第二个波束模态为 $l_2 = 2$,波束指向为 $\theta_2 = -30°$,$\varphi_2 = 0°$。通过前述人工电磁表面的综合设计方法,可以得到相位分布如图 5.17(a)所示,进而可以得到实际阵面拓扑分布如图 5.17(b)所示。

　　通过对图 5.17(b)中所示的阵面进行仿真,观察距离阵面中心 3 m 处 $\theta_1 = +30°$ 和 $\theta_2 = -30°$ 的两个观察面,可以得到电场的幅度相位分布图,如图 5.18 所示。可以看到,电场幅度呈现为圆环分布,而电场相位呈现为双螺旋,这说明所设计的人工电磁表面产生了两个轨道角动量波束。

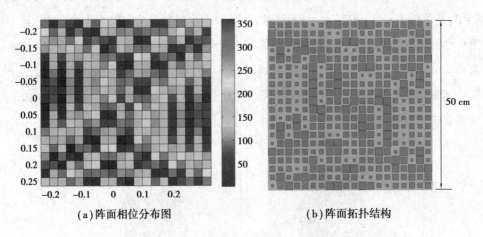

(a)阵面相位分布图　　　　　　　(b)阵面拓扑结构

图 5.17　多 OAM 波束的人工电磁表面

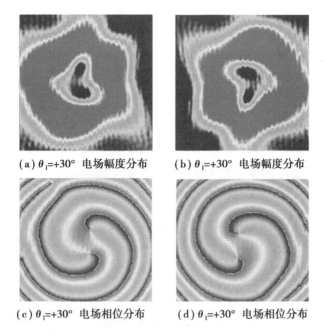

(a) θ_1=+30° 电场幅度分布　　(b) θ_1=+30° 电场幅度分布

(c) θ_1=+30° 电场相位分布　　(d) θ_1=+30° 电场相位分布

图 5.18　电场幅度分布及电场相位分布

　　进一步,我们采用了近场扫描对波前幅度和相位进行了测量,实验系统如图 5.19 所示,测试的频率为 5.8 GHz,采样面中心距离阵面中心 3 m,采样周期是 20 mm。由于产生的是两个角动量波束,因此对转台旋转+30° 和 −30°分别测量。实验测试结果如图 5.20 所示,其特征与仿真较为吻合,但幅度分布和相位分布存在一定的扭曲,这个现象很可能是由于旋转转台时的转角误差造成的。

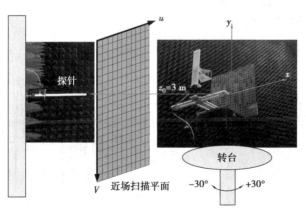

图 5.19　实验测试系统

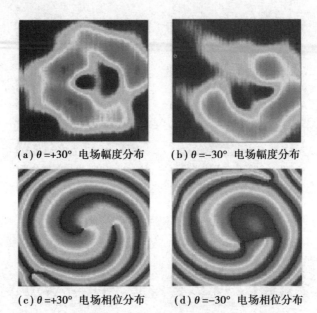

(a) $\theta = +30°$ 电场幅度分布   (b) $\theta = -30°$ 电场幅度分布

(c) $\theta = +30°$ 电场相位分布   (d) $\theta = -30°$ 电场相位分布

图5.20   实验测试结果

仿真得到的三维方向图如图5.21(a)所示,在 *XOZ* 面实测的方向图如图5.21(b)所示。从图中我们可以清晰地看到,在方位角 $\theta = \pm30°$ 的位置处存在两个幅度的零深,这意味着确实产生了两个角动量波束。图5.22(a)和(b)分别从观察面的相位和方向图特性,展示了产生多个轨道角动量的人工电磁表面的带宽特性。可以看出,有效的带宽范围在 5.5 ~ 6.5 GHz。本节提出的方法证实了可以使用单个人工电磁表面同时产生多个轨道角动量波束,本方法有一定的应用潜力用来扩大角动量通信系统的覆盖范围。

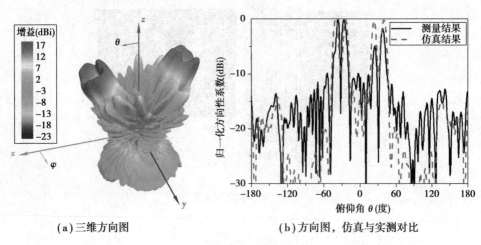

(a)三维方向图   (b)方向图,仿真与实测对比

图5.21   仿真得到的三维方向图

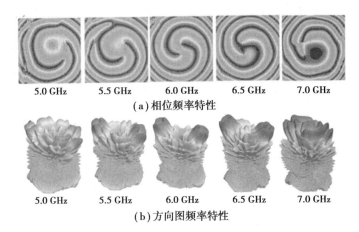

(a) 相位频率特性

(b) 方向图频率特性

图 5.22 多个轨道角动量的人工电磁表面的带宽特性

5.1.5 反射型人工电磁表面产生双极化双模态轨道角动量涡旋电磁波束

通过上面两节的讨论,我们可以看到,新型人工电磁表面在产生 OAM 涡旋电磁波方面具有很大的应用潜力。然而,前面讨论的都是单一线极化的 OAM 波束的产生,在极化分集和复用概念已日趋成熟的今天,同时具有极化复用和 OAM 复用的新型复用技术是发展必然的趋势,但这对 OAM 天线提出了更高的要求。本节在前面基于人工电磁表面的单一线极化 OAM 波束产生方法的基础上,将进一步讨论双极化双模态 OAM 涡旋电磁波束的产生方法[5]。

1) 设计方法

双极化 OAM 人工电磁表面天线,是指仅仅使用一个人工电磁表面即可产生具有垂直和水平两种正交的线极化 OAM 波束。比如,产生的 OAM 涡旋电磁波,在水平极化方向上 OAM 模态 $l_1 = 1$,在垂直极化方向上 OAM 模态 $l_2 = 2$。因为极化正交,所以互不干扰。因而在同一频带内,可以发射或接收两种相同信号。我们知道,对于单一线极化的 OAM 天线只能发射/接收相同极化和相同 OAM 模态的涡旋电磁波,所以双极化配置的优点在于可以同时产生极化正交的 OAM 涡旋电磁波。若使用常规线极化 OAM 涡旋波束的产生方法,则需要两组天线,这样不但增加了成本,而且配置也更加复杂,当天线预留安装空间有限时更是难以实现。双极化

OAM 人工电磁表面天线,作为发射天线工作时,可以产生两个正交极化的 OAM 涡旋电磁波束;作为接收天线工作时,又可以互不干扰地接收两个正交极化的 OAM 涡旋电磁波。这样的配置,不仅可以用于 OAM 的极化复用,而且可以实现 OAM 的收发同工。

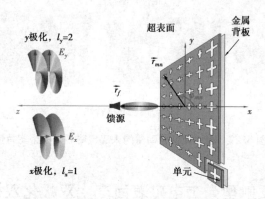

图 5.23　双极化 OAM 人工电磁表面示意图

对于一个如图 5.23 所示的人工电磁表面,由 $M \times N$ 个十字交叉单元(Cross-dipole)构成,馈源位于 $\boldsymbol{r}_f$,其任意位置 $\boldsymbol{u}$ 处的散射电场为:

$$\begin{cases} E_x(\hat{u}) = \sum_{m=1}^{M} \sum_{n=1}^{N} F(\vec{r}_{mn} \cdot \vec{r}_f) A(\vec{r}_{mn} \cdot \hat{u}_0) A(\hat{u}_0 \cdot \hat{u}) \cdot \exp\{jk_0[\mid \vec{r}_{mn} - \vec{r}_f \mid + \vec{r}_{mn} \cdot \hat{u}] + j\varphi_{mn}^X\} \\ E_y(\hat{u}) = \sum_{m=1}^{M} \sum_{n=1}^{N} F(\vec{r}_{mn} \cdot \vec{r}_f) A(\vec{r}_{mn} \cdot \hat{u}_0) A(\hat{u}_0 \cdot \hat{u}) \cdot \exp\{jk_0[\mid \vec{r}_{mn} - \vec{r}_f \mid + \vec{r}_{mn} \cdot \hat{u}] + j\varphi_{mn}^Y\} \end{cases}$$

$$(5.4)$$

其中,A 为单元辐射方向图,F 为馈源的辐射方向图函数,$\boldsymbol{r}_{mn}$ 和 $\boldsymbol{r}_f$ 分别是第 mn 个辐射单元的位置矢量和馈源位置矢量,$\boldsymbol{u}_0$ 为主波束方向。为了产生一个双极化的 OAM 涡旋电磁波,电磁表面各个单元在 x 方向上和 y 方向上所需的补偿相位为:

$$\begin{cases} \varphi_{mn}^X = l_X \varphi_{mn} - (k_0 \mid \vec{r}_{mn} - \vec{r}_f \mid + \vec{r}_{mn} \cdot \hat{u}_0), l_X = 0, \pm 1, \pm 2, \cdots \\ \varphi_{mn}^Y = l_Y \varphi_{mn} - (k_0 \mid \vec{r}_{mn} - \vec{r}_f \mid + \vec{r}_{mn} \cdot \hat{u}_0), l_Y = 0, \pm 1, \pm 2, \cdots \end{cases}$$

$$(5.5)$$

其中,φ_{mn}^X 和 φ_{mn}^Y 分别是每个单元在 x 极化方向上和 y 极化方向上所需的补偿相位,l_X 和 l_Y 分别是 x 极化方向和 y 极化方向上 OAM 涡旋电磁波的模态数,φ_{mn} 是人工电磁表面单元在极坐标下的方位角度值。

2)双极化独立可控的反射阵单元设计

由于每个单元需要对在 x 极化方向和 y 极化方向分别补偿相位,而十字交叉振子作为一款可以独立调节两个正交极化的单元,被广泛应用于双极化天线和圆极化天线的设计,所以本节选取十字交叉振子作为单元。这里选用的基板材料是厚度 $t=1$ mm 的 F4B($\varepsilon_r=2.65$, $\tan\delta=0.003$),基板的上表面印刷十字交叉振子,基板的下表面与金属地板间有 $T=5$ mm 厚的空气层。通过控制十字交叉振子水平方向和垂直方向的臂长,单元在 x 极化方向上和 y 极化方向上分别可以获得 300° 以上的独立反射相移。单元的仿真模型如图 5.24(a)所示,其反射相位特性和反射幅度特性如图 5.24(b)和(c)所示。

从图 5.24(b)和(c)中的结果可以看出,十字交叉振子水平方向臂长变化对垂直极化反射特性的影响甚微,同时,从反射幅度特性可知,单元绝大部分的能量都被反射。由此可知,该单元可以对 x 和 y 两个正交极化方向的反射相位进行独立调控。值得指出的是,由于十字交叉振子的对称性,水平极化也有类似的反射特性效果。

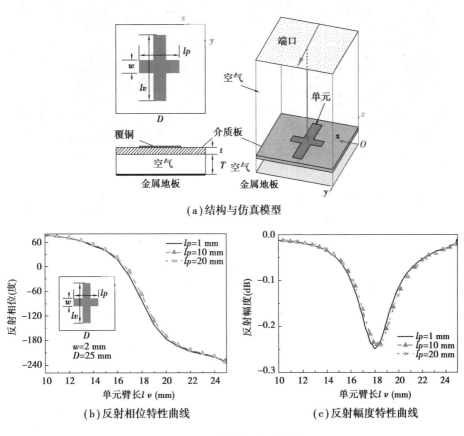

(a)结构与仿真模型

(b)反射相位特性曲线　　　　(c)反射幅度特性曲线

图5.24　十字交叉振子单元

3)性能分析

为了更好地说明设计的有效性,我们在本节设计了一款可以产生双极化涡旋电磁波的人工电磁表面。从易于识别和观察的角度出发,同时为了更佳地展现设计的灵活性,本节设计的双极化 OAM 波束,在水平极化下 OAM 模式 $l_X=1$,在垂直极化下 $l_Y=2$。馈源喇叭的安装位置和前文一致,即 $r_f=(0,0,0.4)\,\mathrm{m}$。由式(5.5)给出的不同极化下所需补偿的相位关系,$\{\varphi_{mn}^X,\varphi_{mn}^Y\}$ 计算结果如图 5.25(a)和(b)所示。通过代入图 5.3 中的振子长度,可以得到如图 5.25(c)和(d)所示的两个正交方向振子的长度分布,进而可以得到实际所需的阵面拓扑如图 5.25(e)所示,实际加工得到的人工电磁表面如图 5.25(f)所示,由 400 个(20×20)单元构成,尺寸为 0.25 m^2(50 cm×50 cm)。

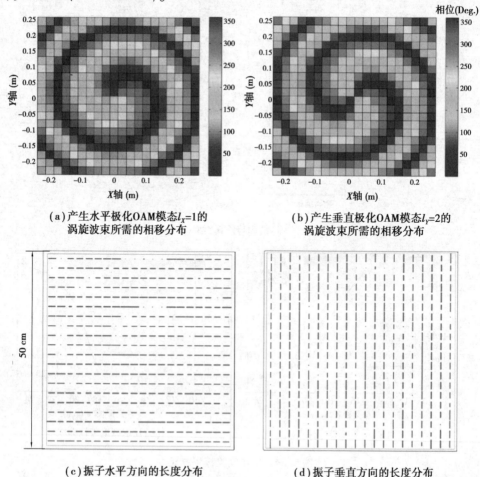

(a)产生水平极化OAM模态l_X=1的
涡旋波束所需的相移分布

(b)产生垂直极化OAM模态l_Y=2的
涡旋波束所需的相移分布

(c)振子水平方向的长度分布

(d)振子垂直方向的长度分布

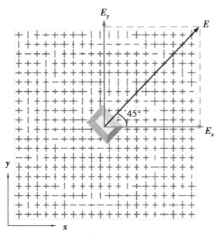

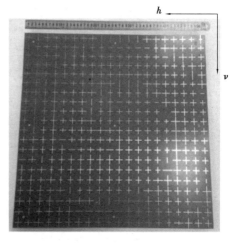

（e）产生双极化双模态的人工电磁表面
拓扑结构以及馈源摆放位置

（f）实际加工得到的人工电磁表面样品

图5.25　双极化双模态 OAM 人工电磁表面

使用 ANSYS HFSS 对所述的双极化双模态 OAM 人工电磁表面天线进行仿真分析，观察距离天线 $z=3$ m 的位置处观察电场分布，可得如图 5.26 所示的电场幅度和相位结果。图 5.26(a) 显示出一个具有中心空洞的圆环，对应水平极化 OAM 模态 $l_X=1$；图 5.26(b) 中圆环比图 5.26(a) 的稍大，对应垂直极化 OAM 模态 $l_Y=2$；(c) 中所示的单轨迹螺旋相位特征，进一步说明了水平极化产生的 OAM 模态为 $l_X=1$。同时，图 5.26(d) 中所示的双轨迹螺旋相位特征，也进一步说明了垂直极化产生的 OAM 模态为 $l_X=2$。

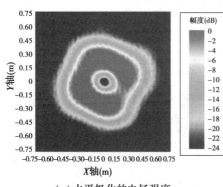

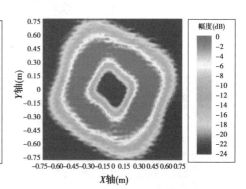

（a）水平极化的电场强度

（b）垂直极化的电场强度

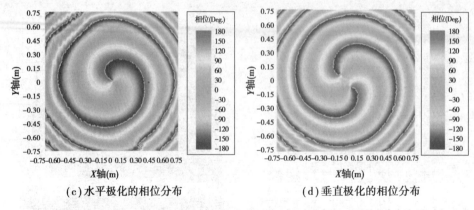

（c）水平极化的相位分布　　　　　　　　（d）垂直极化的相位分布

图5.26　仿真得到的人工电磁表面3 m位置处的电场分布

为了进一步验证仿真的正确性,我们对加工的样件进行了平面近场扫描实验,环境如图5.27所示,近场扫描平面距离天线 $z_0=3$ m,采样面大小为1.5 m×1.5 m,采样间隔为20 mm。测试的结果如图5.28所示。对比图5.26所示的仿真结果可以看出,测试和仿真的结果吻合良好,这也进一步证明了利用双极化独立可调的反射阵可以有效地产生双极化双模态轨道角动量涡旋电磁波束。

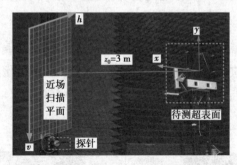

图5.27　双极化双模态OAM人工电磁表面天线的近场实验环境

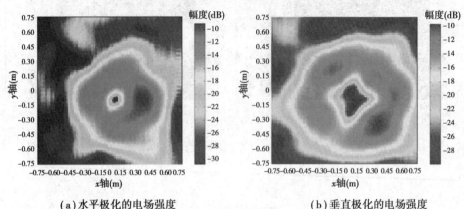

（a）水平极化的电场强度　　　　　　　　（b）垂直极化的电场强度

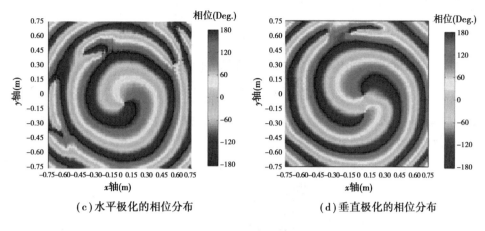

（c）水平极化的相位分布　　　　　　（d）垂直极化的相位分布

图5.28　通过平面近场扫描实验得到的人工电磁表面3 m位置处的电场分布

5.2　基于透射型人工电磁表面产生涡旋电磁波

透射阵列天线[6,7]是透射型人工电磁表面天线的一种,同反射阵列天线类似,是结合传统的抛物面天线和相控阵列天线发展起来的新型天线。其由馈源和透射阵列平板或反射阵列平板组成,通过设计透射阵列或反射阵列中每一个单元的透射相位或反射相位来补偿馈源的波前相位,以获得所需要的波束形式。透射阵列本质上可以称为具有相移功能的频率选择表面,其相比于反射阵列天线来说更具优势,原因在于传输阵列天线无馈源的遮挡,可以更加方便地应用于实际。本小节将从相位调制和幅相同时调制的透射阵列天线两个方面出发,探究涡旋电磁波及其无衍射特性的实现。

5.2.1　透射型人工电磁表面天线产生涡旋电磁波的理论

图5.29给出了透射阵列产生角动量涡旋电磁波束的几何示意图。其中ij^{th}表示透射阵列中第i行、第j列位置处的单元,r_{ij}表示第i行、第j列位置处单元的位置矢量,r_h代表馈源的位置矢量。其中,馈源喇叭的在透射阵列表面产生的初始相

位为：

$$\varphi_0 = k_0 \left[\mid \vec{r}_{ij} - \vec{r}_h \mid + \vec{r}_{ij} \cdot \hat{z} \right] \tag{5.6}$$

而在透射阵列表面上，每个单元所需提供的补偿相位为：

$$\varphi_{i,j} = n\varphi_{i,j} - \varphi_0 = n\varphi_{i,j} - k_0 \left[\mid \vec{r}_{ij} - \vec{r}_h \mid + \vec{r}_{ij} \cdot \hat{z} \right] \tag{5.7}$$

上式中，$\hat{z}$ 表示传输方向的单位矢量，$\varphi_{i,j}$ 为第 i 行、第 j 列位置处方位角度大小，n 为 OAM 涡旋电磁波的模式数。

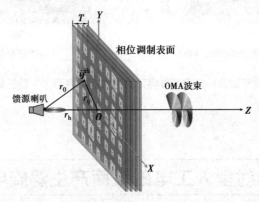

图 5.29　传输阵列天线产生 OAM 涡旋电磁波束的几何示意图[8]

5.2.2　透射型人工电磁表面单元分析

要设计具有相位补偿功能的透射阵列天线，首先要设计出能同时满足传输特性以及相位补偿特性的单元。传输特性可以理解为频率选择特性，对于特定的频率来说（如 $f=10\ \text{GHz}$），透射单元必须能在此频率下呈现通带滤波器响应；对于相位补偿特性来说，透射阵列中的单元必须在满足 10 GHz 工作频率的通带特性前提下具有 360°以上的传输相移性质。要达到 360°以上的相位补偿，一般需要采用具有不同几何结构的单元，主要包括加载型单元、变尺寸型单元以及旋转型单元，如图 5.30 所示。一般在透射阵列单元的设计过程中，采用较多的是变尺寸型单元设计思路，即通过改变单元的结构尺寸，使得这些单元同时在工作频率下具有通带响应特性并且具有 360°以上的传输相移。

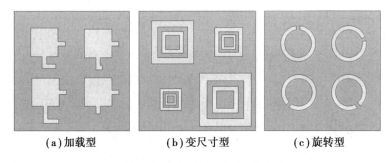

(a) 加载型　　　　　　　(b) 变尺寸型　　　　　　(c) 旋转型

图5.30　三种不同类型的传输阵列相位补偿单元形式

设计传输阵列单元的时候,我们需要得到单元的传输特性,在此采用 HFSS 或者 CST 等电磁数值计算软件对单元进行分析,通常需要在单元的边界上赋予无限大的周期边界条件来提取透射单元的传输系数以及传输相移。通过无限大的周期边界条件来分析透射单元的传输特性可以通过两种方式实现,一种是主从边界加 Floquet 端口法,即在透射单元的边界加载主从边界并采用 Floquet 端口激励;另一种是波导法,即在单元边界加载理想电壁和理想磁壁并采用波端口馈电。本章统一采用波导法来分析设计透射阵列单元。

接下来从单层频率选择表面出发来探索透射阵列单元的设计思路。对于图5.31(a)所示的单层双方环频率选择表面结构来说,当变化其尺寸 a 时,虽然其可以满足频率选择的带通特性,但是传输相移变化是远远小于360°的,这个时候需要增加层数以满足透射单元传输相移范围要求。当传输单元分别为单层、双层、三层以及四层的双方环结构时(每层的结构都是相同的),在满足工作频率为 $f=10$ GHz下传输损耗小于 1 dB 的前提下,其最大传输相移分别为54°、170°、308°以及360°,如图5.31所示。因此,可以选择四层的双方环结构作为传输阵列单元。

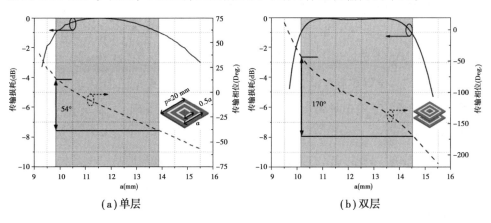

(a) 单层　　　　　　　　　　　　　　(b) 双层

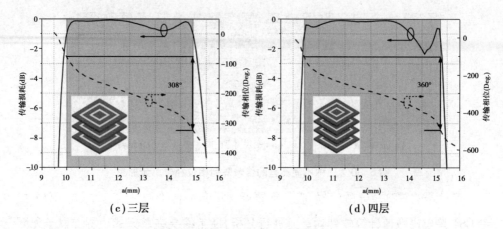

(c)三层   (d)四层

图5.31 不同层数双方环型透射单元的传输损耗以及传输相位曲线

5.2.3 透射型人工电磁表面产生单 OAM 涡旋电磁波束

为了验证所述的设计方法,现举例来说明产生 OAM 涡旋电磁波束的设计过程。设计工作在 10 GHz 的透射单元周期大小为 20 mm,传输阵列规模为 $30\times30=600$ 个,馈源喇叭距离传输阵列中心的轴向距离为 0.5 m。由上小节可以知道,根据式(5.7)就可以算出透射阵列上每个单元所需的补偿相位,然后在仿真得到的传输单元中找出每一个所需补偿相位对应的单元并填入透射阵列中即可。图5.32 给出了模态数 $n=1$ 和 $n=2$ 时,透射阵列所需的补偿相位分布计算过程,图5.33 给出了对应的传输阵列拓扑图。

我们采用基于有限元方法的电磁仿真软件 ANSYS HFSS,对产生模态数 $n=1$ 和 $n=2$ OAM 涡旋电磁波的透射阵列天线进行全波仿真。在不同的近场距离下,采集透射阵列天线产生的电场幅度分布和相位分布,得到的结果如图5.34 和图5.35 所示。从图中可以看出,在不同的传输距离下,产生的模态数 $n=1$ 的涡旋波束电场相位均为单臂螺旋结构,而模态数 $n=2$ 的涡旋波束电场相位均为双臂螺旋结构,且两种模态下的电场强度中心均有凹陷。图5.36 和图5.37 分别给出了模态数 $n=1$ 和 $n=2$ 涡旋波束的透射阵列天线的辐射方向图。从图中可以看到,两者的辐射方向图均为中心凹陷的零深结构,这与涡旋电磁波束的特性吻合良好,从而证明利用传输阵列天线来产生 OAM 涡旋电磁波束的方法是有效的。

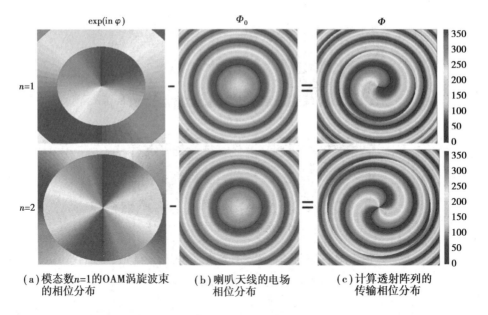

(a) 模态数$n=1$的OAM涡旋波束　(b) 喇叭天线的电场　(c) 计算透射阵列的
　　的相位分布　　　　　　　　　　相位分布　　　　　　　传输相位分布

图 5.32　产生 OAM 涡旋电磁波束的传输阵列的相位分布图

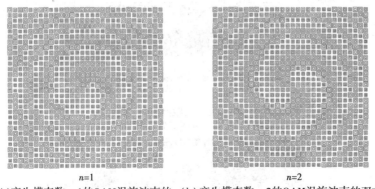

$n=1$　　　　　　　　　　　　　　　　$n=2$

(a) 产生模态数$n=1$的OAM涡旋波束的　　(b) 产生模态数$n=2$的OAM涡旋波束的双方环透射
　　双方环透射阵列拓扑俯视图　　　　　　阵列拓扑俯视图(四层双方环结构相同)

图 5.33　产生 OAM 涡旋电磁波束的传输阵列的实际拓扑图

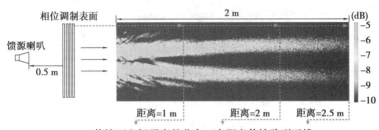

(a) 传输面电场强度的分布，在距离传输阵列天线
Distance=1 m，2 m，2.5 m时观察面内

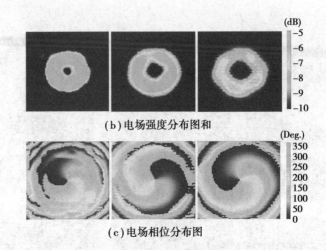

（b）电场强度分布图和

（c）电场相位分布图

图 5.34　基于传输阵列天线产生的模态数 $n=1$ 的

OAM 涡旋电磁波束的仿真结果

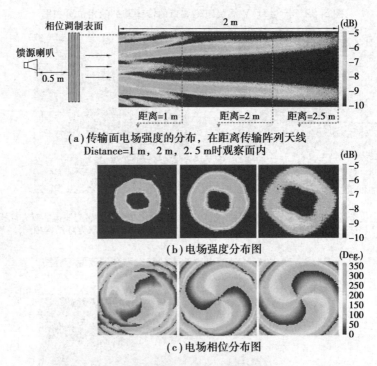

（a）传输面电场强度的分布，在距离传输阵列天线
Distance=1 m，2 m，2.5 m时观察面内

（b）电场强度分布图

（c）电场相位分布图

图 5.35　基于传输阵列天线产生的模态数 $n=2$ 的

OAM 涡旋电磁波束的仿真结果

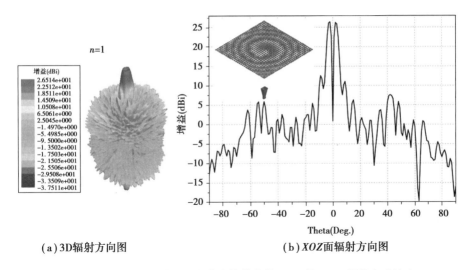

（a）3D辐射方向图　　　　　　（b）XOZ面辐射方向图

图5.36　基于传输阵列天线产生的模态数 n=1 的 OAM 涡旋电磁波束

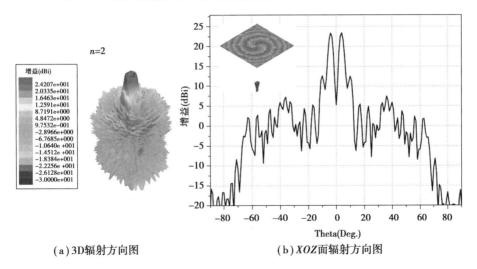

（a）3D辐射方向图　　　　　　（b）XOZ面辐射方向图

图5.37　基于传输阵列天线产生的模态数 n=2 的 OAM 涡旋电磁波束

　　然而,从图5.34和图5.35中可以看到,即使在近场传输的条件下,OAM 涡旋电磁波束已经出现衍射发散的现象。在距离传输阵面越远的地方,OAM 涡旋波束越发散且中心凹陷区域越大。这对于 OAM 涡旋电磁场通信系统来说非常不利,因为发散的涡旋电磁波,即使在近场区域,也需要用较大剖面的天线才能接收到有效信号。另外,模态数 n=1 的 OAM 涡旋波在近场区域内传输时的衍射发散性要比模态数 n=2 的 OAM 涡旋波束小,也就印证了模态数越大、涡旋波束越容易发散的特性。在这种情况下,具有无衍射特性的高阶贝塞尔涡旋波束正好可以弥补这一缺陷。

5.2.4 透射型人工电磁表面产生携带 OAM 涡旋电磁波的贝塞尔波束

本质上来说，轨道角动量涡旋电磁波就是携带 OAM 的电磁波，其表现形式为普通电磁波叠加一个相位旋转因子：

$$\vec{E}(\boldsymbol{r},\varphi) = \vec{E}_0(\boldsymbol{r})\exp(in\varphi) \tag{5.8}$$

式中，$\boldsymbol{r}$ 表示位置矢量，φ 表示方位角坐标分量，$E_0(\rho)$ 为电场的幅值，n 表示涡旋电磁场的模态数。

在自由空间中，均匀电磁波的波动方程可以写为：

$$\nabla^2\vec{E}(\boldsymbol{r},t) - \frac{1}{c^2}\frac{\partial^2}{\partial t^2}\vec{E}(\boldsymbol{r},t) = 0 \tag{5.9}$$

其中，∇^2 表示拉普拉斯算子，$\boldsymbol{r}$ 表示位置矢量，t 代表时间，E 是电场强度，c 是光速。在柱坐标系下，式(5.7)的解的形式如下：

$$\vec{E}_n(\vec{r},t) = \vec{E}_0 J_n(k_\perp\rho)\exp(in\varphi)\exp(i(k_z z-\omega t)) \tag{5.10}$$

可以看出，式(5.9)所表示的自由空间中波动方程的解正是贝塞尔涡旋波束的表达式。其中，J_n 是标准的 n 阶第一类贝塞尔函数，$(k_\perp, k_z)$ 表示自由空间中波矢量的横向分量和纵向分量。(ρ, φ) 表示柱坐标系中的半径坐标和方位角坐标分量，ω 代表角频率。Z 轴为传输方向，E_0 为常矢量。式(5.10)代表了贝塞尔涡旋电磁波是 OAM 涡旋波的叠加形式，n 仍为 OAM 涡旋电磁波的模式数。对于 $n=0$ 来说，对应于零阶贝塞尔波束，其波前相位是平的，而非螺旋的。

从式(5.10)可以看出，从本质上来说，贝塞尔波束相较于 OAM 涡旋波束，多了一个乘法因子 $J_n(k_\perp\rho)$，也就是 n 阶第一类贝塞尔函数。这个因子代表了波束的幅度分布；$\exp(in\varphi)$ 则同样表示波束的相位分布。从上小节可以得知，产生 OAM 涡旋电磁波束只需要调制透射阵列中每个单元的传输相位即可，但是对于产生贝塞尔涡旋电磁波束的透射阵列来说，不仅需要调制透射阵列单元的相位，还需调制其透射系数幅度的大小，这种透射阵列也可以称为幅度-相位调制表面(Amplitude-Phase Modulated Surface，APMS)。

1)透射阵列天线产生贝塞尔电磁波束设计原理

图 5.38 给出了透射阵列产生贝塞尔电磁波束的几何示意图。其中，馈源喇叭

在透射阵列表面产生的初始幅度分布为 D_{horn}，故在传输阵列表面上，每个单元的传输系数为：

$$A_{ij} = J_n(k_\perp |\vec{r}_{ij}|) / D_{horn} \qquad (5.11)$$

图 5.39 给出了 $n=1$ 和 $n=2$ 时，透射阵列所需的透射系数幅度分布计算过程。其相位分布计算过程与 5.2.3 节中产生 OAM 涡旋电磁波束一致，在此不多叙述。对此可以得到结论，要产生携带有 OAM 涡旋电磁波的贝塞尔波束，透射阵列天线必须兼具调幅调相的功能，因此首先需要设计出可以同时调制幅度和相位的透射单元。

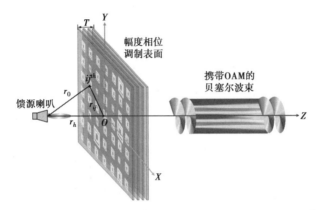

图 5.38　传输阵列天线产生贝塞尔电磁波束的几何示意图[9]

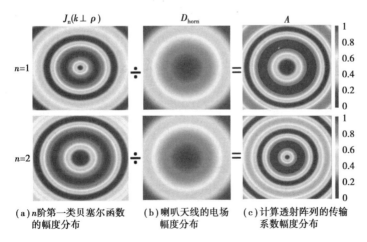

（a）n 阶第一类贝塞尔函数 的幅度分布　　（b）喇叭天线的电场 幅度分布　　（c）计算透射阵列的传输 系数幅度分布

图 5.39　产生贝塞尔电磁波束的传输阵列的传输系数幅度分布计算过程

2）幅度-相位调制的透射阵列单元设计

一些研究人员将同时能够调控电磁波幅相的透射单元或反射单元被称为惠更

斯单元,其往往采用比较复杂的多层金属-过孔结构来对电磁波的幅相进行同时调控,并用所设计的惠更斯单元来验证设计可以控制电磁波传播的极化分束器及衍射光栅等。我们同样采用四层双方环结构来设计同时调节透射系数幅度和相位的透射单元。但与之前提到的只调制相位的透射单元不同,我们将这四层双方环结构分为两组,上面两层组成一组,下面两层组成一组,每一组内的两层单元结构完全相同,但是不同组之间的单元尺寸不同;在透射单元的边界加载主从边界并采用Floquet端口激励的方法对其进行仿真分析,如图5.40所示。四层双方环结构均蚀刻在介电常数为2.65,损耗角正切为0.003的介质基板上,介质基板的厚度 $t = 1$ mm,每层双方环结构之间的间距 $h = 5.5$ mm,其中 $b_1 = 0.5 a_1$, $b_2 = 0.5 a_2$, $w = 2.5$ mm, $P = 20$ mm。第一组,也就是上面两层双方环结构中的外方环边长 a_1 变化范围为 $10 \sim 17$ mm;第二组,即下面两层双方环结构中的外方环边长 a_2 变化范围是 $9.5 \sim 16$ mm,它们的变化步长均为0.1 mm。

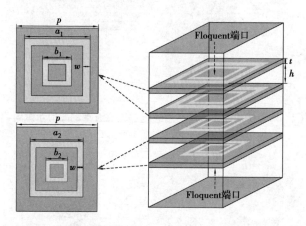

图5.40 同时调制透射系数幅度和相位的透射单元拓扑图

图5.41给出了当 a_1 和 a_2 变化时,透射系数幅度和相位变化的趋势图。从图5.41中可以看出,通过分别调节两组外方环边长尺寸参数 a_1 和 a_2,透射单元的透射系数幅度变化范围为 $0 \sim 1$;而在幅度变化的范围内,透射相移覆盖 $\geq 300°$,这样的幅度-相位调制表面可以满足大多数幅相调制的透射阵列设计要求。

3)产生高阶贝塞尔电磁波束的透射阵列设计、仿真和实验

要产生贝塞尔电磁波束,首先要对透射阵列表面的幅度和相位进行调制,得到产生贝塞尔波束所需的幅度相位分布。从5.2.3节中可以知道,对于OAM涡旋电

磁波来说,模态数 n 越大,其衍射发散越快。为此,我们在上一节的基础上,针对模态数 $n=2$ 的 OAM 涡旋波束,设计产生了基于二阶第一类贝塞尔函数的涡旋电磁波束。

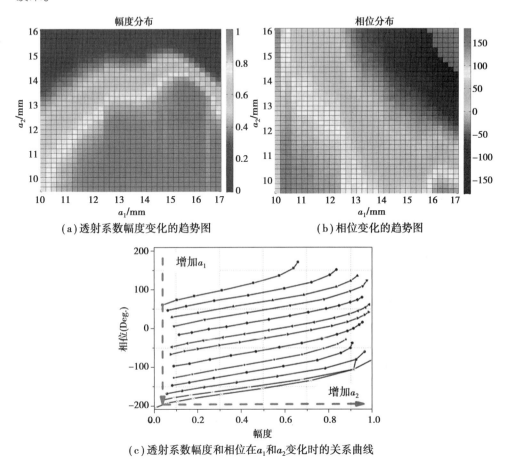

（a）透射系数幅度变化的趋势图　　　　（b）相位变化的趋势图

（c）透射系数幅度和相位在 a_1 和 a_2 变化时的关系曲线

图5.41　透射单元中当 a_1 和 a_2 变化时透射系数的变化

现举例来说明产生二阶贝塞尔电磁涡旋波束的设计过程。工作频率同样为 $f=10$ GHz,幅相调控的透射单元周期大小为 20 mm,传输阵列规模为 $30×30=600$ 个,馈源喇叭距离传输阵列中心的轴向距离为 0.5 m。设计的透射阵列幅度分布如图 5.39 所示,相位分布如图 5.32 所示。图 5.42 给出了对应的传输阵列结构拓扑图。采用全波电磁仿真软件对产生二阶贝塞尔涡旋波束的透射阵列天线进行全波仿真。

在此基础上,对产生二阶贝塞尔电磁涡旋波束的传输阵列进行加工测试,如图 5.43 所示。加工样机大小为 600 mm×600 mm×20.5 mm,采用 X 波段的标准增益喇叭作为馈源,喇叭举例透射阵面 0.5 m。在近场区对该传输阵列天线进行测试,测试采用近场扫描的方式,在 10 GHz 对距离传输阵面 1 m、2 m、2.5 m 处的垂直极化电场进行扫描采样,扫描面大小为 0.8 m×0.8 m,采样间隔为 10 mm。得到的全波仿真和测试结果如图 5.44 所示。从图中可以看出,测试结果与全波仿真结果吻合良好,产生的二阶贝塞尔电磁波束同时携带有模态数 $n=2$ 的涡旋电磁场,其传输切面上的电场相位分布为双臂螺旋结构。且在传输截面上,二阶贝塞尔波束在距离传输阵面 2.5 m 内表现为无衍射发散的特性,其无衍射传输特性远远优于5.2.3 节中图 5.35 产生的模态数 $n=2$ 的 OAM 涡旋电磁波,即使在距离传输阵面2.5 m 处,二阶贝塞尔波束的电场强度分布中心凹陷区域也未有明显变大的趋势。由于空气损耗的存在,其电场强度幅值随着传输距离的增加而慢慢变小,这是不可避免的现象。

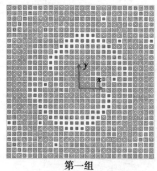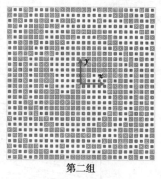

第一组 第二组

(a)第一组即上面两层双方环　　(b)第二组即下面两层双方环
　　透射阵列拓扑俯视图　　　　　　透射阵列拓扑俯视图

图 5.42　产生二阶贝塞尔电磁波束的传输阵列的实际拓扑图

(a)近场扫描场景图　　　　　　(b)传输阵列样机

图 5.43　产生二阶贝塞尔电磁波束的传输阵列的加工测试图

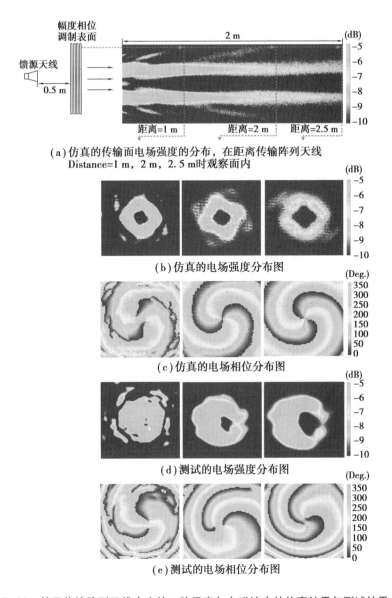

（a）仿真的传输面电场强度的分布，在距离传输阵列天线
Distance=1 m，2 m，2.5 m时观察面内

（b）仿真的电场强度分布图

（c）仿真的电场相位分布图

（d）测试的电场强度分布图

（e）测试的电场相位分布图

图5.44　基于传输阵列天线产生的二阶贝塞尔电磁波束的仿真结果与测试结果

5.2.5　柱面共形的透射型人工电磁表面产生 OAM 涡旋电磁波

前面介绍的反射型、透射型人工电磁表面均是平面的,本小节将介绍基于柱面共形的透射人工电磁表面来产生 OAM 涡旋电磁波的设计理论和方法。

1)柱面共形传输阵列单元的设计

首先,要将平面的透射阵列扩展到共形的设计中,必须设计出一款低剖面、易弯曲或者柔性好的透射阵列单元,图 5.45 给出了所设计的透射阵单元拓扑图。

该单元仅由一层介质基板构成,基板的上下层是结构相同的金属形状。该金属形状由一个处于中心位置的小正方形和位于小正方形四角位置的四个大正方形组成;在大正方形接近小正方形的顶角位置处,有四个金属化通孔用于连接上下金属形状,这样的设计可以扩宽透射阵单元的传输相移范围。此传输阵列单元的工作频率为 $f_0 = 24.125$ GHz,周期 $P = 6.2$ mm,所用的介质基板为 F4B,其介电常数为 2.65,厚度为 2 mm。现改变四个大正方形的边长 L,可以得到变尺寸条件下传输相移的变化,即 L 从 0.8 mm 变化至 2.6 mm,传输阵列单元的传输系数幅度保持在 -1.6 dB 以内时传输相移可以从 $-100.6°$ 变化至 $-463.2°$,变化范围达 363.2°,如图 5.46 所示。

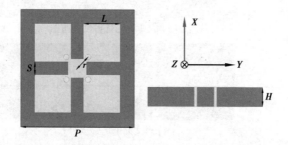

图 5.45　柱面共形透射阵列单元的俯视图和侧视图[10]

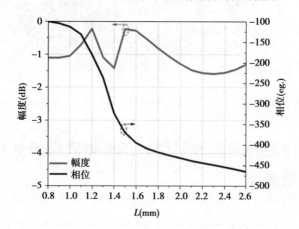

图 5.46　传输阵列单元在 24.125 GHz 下,当 L 变化时,传输系数的幅度和相位变化曲线

2)柱面共形传输阵列的设计

在设计柱面共形的传输阵列时,首先需要考虑柱面的弯曲程度对所产生的 OAM 涡旋电磁波性能的影响。在这种条件下,设所产生的 OAM 涡旋电磁波模式数 $l=1$,柱面共形传输阵列中每一个单元的相位补偿可参考 4.1 小节和 5.2.3 小节。柱面弯曲角度为 $\theta = 67.5°,81°$ 以及 $101.3°$ 时,共形透射阵列天线所产生的 OAM 涡旋电磁波的近场电场分布(观测面设在距离传输阵列天线 $Z=1.5$ m 位置处)和三维辐射方向图,如图 5.47 所示。

可以看出,当柱面的弯曲角度变大时,所产生的 OAM 涡旋电磁波在近场产生的螺旋电场相位分布发生越来越严重的畸变现象。此外,从仿真的三维辐射方向图也可以看出,OAM 涡旋电磁波的主瓣出现了越来越大的畸变。当柱面弯曲角度为 $101.3°$ 时,涡旋电磁波束的主瓣已经不再满足标准的中心对称特征。这表明在设计柱面共形的传输阵列天线时,应选取适当小的弯曲角度,即柱面更平缓。因此,在后面的分析中,我们选取柱面弯曲角度为 $67.5°$ 的柱面共形传输阵列天线来进一步分析其产生 OAM 涡旋电磁波的性能。

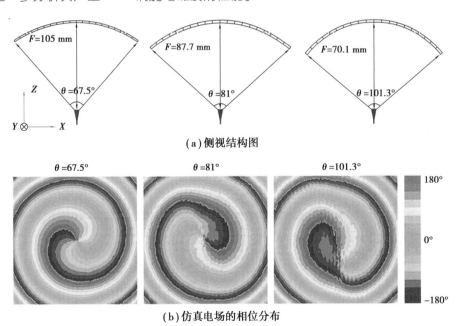

(a)侧视结构图

(b)仿真电场的相位分布

（c）仿真三维远场辐射方向图

图 5.47 当产生的 OAM 涡旋电磁波模式数 $l=1$ 时，

不同柱面弯曲角度下的共形传输阵列天线

设弯曲角度为 67.5°时，柱面共形传输阵列距离馈源喇叭 105 mm，阵列包含 20×20 个传输阵列单元。当所产生的 OAM 涡旋电磁波模式数分别为 $l=1,2,3$ 时，柱面共形阵列上需要补偿的相位分布如图 5.48（a）所示，阵列的拓扑分布如图 5.48（b）所示。

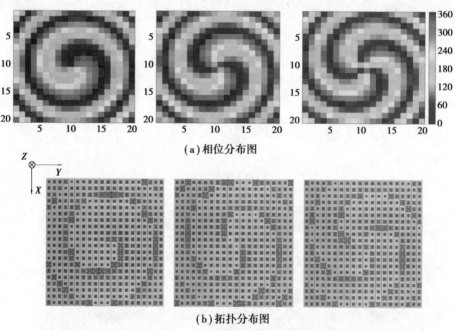

（a）相位分布图

（b）拓扑分布图

图 5.48 弯曲角度为 67.5°时，柱面共形传输阵列天线产生模式数

$l=1,2,3$ 时得到的相位分布图和拓扑分布图

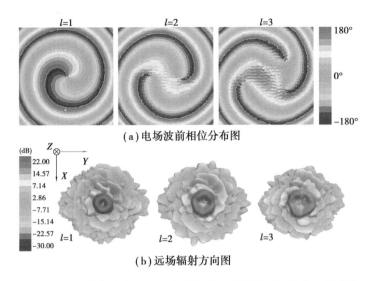

（a）电场波前相位分布图

（b）远场辐射方向图

图 5.49 弯曲角度为 67.5°时,柱面共形传输阵列天线产生模式数

$l=1,2,3$ 的 OAM 涡旋电磁波

图 5.50 用于产生模式数 $l=1$ 和 $l=2$ 的 OAM 涡旋电磁波的柱面共形传输阵列天线加工样机

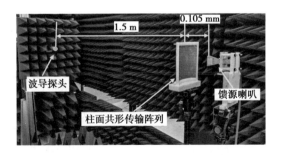

图 5.51 柱面共形传输阵列天线样机的近场测试场景图

现将观测面设在距离传输阵列天线 $Z=1.5$ m 处,观测面大小为 400 mm×
400 mm,可以仿真得到所产生的 OAM 涡旋电磁波的波前电场分布和远场辐射方
向图,如图 5.49 所示。从图 5.49(a)中可以看出,所产生的 OAM 涡旋电磁波电场

波前相位分布在 $l=1$，2，3 时，分别呈现单臂、双臂和三臂螺旋状；对于所产生的远场辐射方向图来说，当模式数变大时，OAM 涡旋电磁波束的中心零深区域逐渐变大，即发散角变大。

为了验证上述柱面共形传输阵列天线产生 OAM 涡旋电磁波的有效性，我们加工并测试了用于产生模式数为 $l=1$ 和 $l=2$ 的柱面共形传输阵列天线，如图 5.50 所示。利用近场扫描技术，对所产生的 OAM 涡旋电磁波的电场分布进行测试，如图 5.51 所示。在距离柱面共形传输阵列天线 $Z=1.5$ m 处，测得 $l=1$ 和 $l=2$ 的涡旋电磁波的近场电场幅度和相位分布图和仿真的结果对比如图 5.52 和图 5.53 所示。可以看出，测试的结果从变化趋势上看与仿真的结果吻合良好，OAM 涡旋电磁波的近场电场幅度分布均出现了中心零深区域，且当模式数变大时，零深区域变大；此外，利用柱面共形传输阵列天线产生的 OAM 涡旋电磁波在近场区的电场相位分布仍然满足螺旋特征。但是，随着模式数增大，由于电场幅度的中心零深区域变大，导致了电场在中心区域的相位分布变得逐渐模糊。

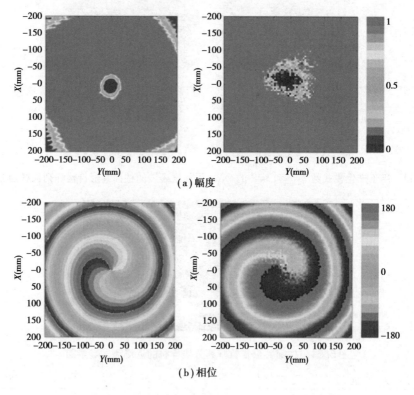

（a）幅度

（b）相位

图 5.52　柱面共形传输阵列天线产生 $l=1$ 的 OAM 涡旋电磁波在
近场的仿真和测试电场分布对比

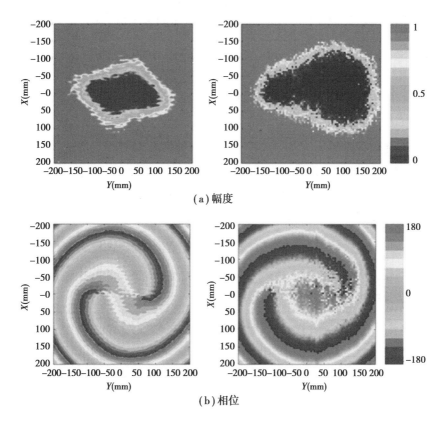

（a）幅度

（b）相位

图 5.53　柱面共形传输阵列天线产生 $l=2$ 的 OAM 涡旋电磁波
在近场的仿真和测试电场分布对比

5.3　基于全息阻抗超表面天线产生涡旋电磁波

前面讲到的反射型以及透射型人工电磁表面天线均需要额外的喇叭天线作为馈源，这无疑增加了天线的剖面。本小节将研究基于全息阻抗超表面天线的涡旋电磁波产生方法，由于这种方法是将馈源和全息表面进行集成设计，因此可以大大减少超表面的剖面。本节将从光学全息理论、全息天线理论等原理出发，介绍全息阻抗超表面天线的设计方法及其产生涡旋电磁波的理论。此外，我们设计、仿真并测试了一款用于产生 OAM 涡旋电磁波的圆柱共形的全息阻抗超表面天线,此设计可以为超表面天线在共形方面的应用提供参考。

5.3.1　光学全息成像原理

全息成像理论来源于光学[11],其主要可以分为两个步骤。首先,准备传播方向一致、频率相同且相位差一定的两束光(这两束光被称为相干光束),其中一束光照射到全息图样上,称为参考光;另一束光照射到目标物体上,称为物光。接着,这两束光会在全息图样上通过干涉形成干涉条纹,即干涉场。由于全息图样一般是用感光材料制成的,可以记录下干涉光的幅度相位信息,这样,当参考光在此照射到全息图样上时,就可以利用衍射原理再次反演出目标物体的幅度和相位信息,即重构出目标的物象。

借助上述的全息成像理论,研究人员提出了全息天线的工作原理,如图 5.54 所示。首先,源天线提供参考辐射场,目标天线产生目标辐射场,这两个场在干涉平面产生干涉条纹,即干涉图样。然后,记录干涉场上每个点的边界条件,这可以被看作电磁全息图样。最后,利用源天线提供的参考辐射场激励干涉的电磁全息图样,参考辐射场在全息图案上辐射出的场即为目标辐射场。

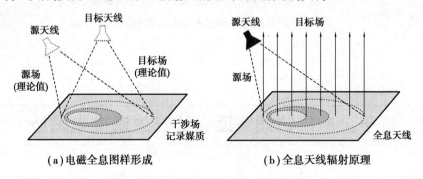

(a)电磁全息图样形成　　　　　　(b)全息天线辐射原理

图 5.54　全息天线的工作原理

5.3.2　全息阻抗表面天线的设计原理

上述的电磁全息图样可以通过全息阻抗表面进行设计,它是一种人工电磁表面天线,主要基于表面波和表面阻抗理论,并结合了光学的全息成像原理以及周期性漏波天线理论。全息阻抗表面是基于表面波和表面阻抗理论进行设计的,其结构一般由周期性分布的单元和位于中心的馈源构成[12, 13]。

1)表面波

首先,电磁波可以在全息阻抗调制表面上沿阻抗表面的切向方向以表面波的形式进行传播,如图 5.55 所示,而且不同位置处电磁场的分布与该位置的表面阻抗密切相关,进一步将表面波调制为漏波便可进行辐射;而在阻抗表面法向上电磁波的传播呈指数衰减。其中,$k_0^2 = k_t^2 + k_z^2$,假设表面波沿 Y 轴传播,则有 $k_y = \beta$,$k_z = -j\alpha$(α 和 β 均为大于 0 的实数)。可以看出,β 表示表面波沿导波传播方向上的相位常数,而 α 表示表面波在阻抗表面法向上的衰减常数,有 $k_0^2 = \beta^2 - \alpha^2 = k_t^2 - \alpha^2$。

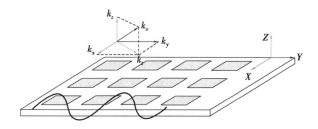

图 5.55 表面波在阻抗表面上传播的示意图

2)漏波的全息阻抗表面工作原理

若要设计全息阻抗表面天线,让其可以产生任意的电磁波束,就必须设计出满足条件的全息表面阻抗分布,以达到对电磁波调控的目的。对于全息阻抗表面的设计来说,最重要的是将其表面上的表面波调制为漏波进行辐射。漏波天线是指电磁波在沿着导波结构进行传播时不断辐射的天线形式,所辐射出的电磁波称为漏波。通常来讲,表面波是一种慢波,因此需要利用导波结构的不均匀或几何不连续性,激发出高次模式,从而产生漏波进而辐射。

全息阻抗表面正是基于漏波天线的原理进行设计的,一般基于金属贴片组成的阻抗表面会在平面的波导结构下产生多个不连续点,且不同形状的贴片对应的表面阻抗不同,这就可以对表面波进行调制,辐射的漏波就可以产生所需的波束。总体来说,全息阻抗表面天线的设计步骤是:①通过馈源产生的参考辐射场和目标天线产生的目标辐射场,计算出两个相干波束形成的干涉场;②将小尺寸的阻抗表面单元排布在计算出的干涉场极小值点处,以达到模拟干涉场分布的目的。

现假设馈源天线产生的参考辐射场为 ψ_{ref}，全息阻抗表面调制馈源天线所产生的场得到的目标辐射场为 ψ_{obj}。可以得到干涉场为 $\psi_{ref}\psi_{obj}*$，而当馈源天线所产生的参考辐射场照射到干涉场时，产生的目标辐射场可以表示为：

$$(\psi_{ref}\psi_{obj}^{*})\psi_{ref}=\psi_{obj}\mid\psi_{ref}\mid^{2} \tag{5.12}$$

可以看出，产生的目标辐射场与设计的目标辐射场的幅度成比例，即可以复现目标场。现假设全息阻抗表面天线的馈源产生的参考表面波为 ψ_{surf}，想要产生的目标场为 ψ_{rad}，则全息阻抗表面的任意位置 (x,y) 处的表面阻抗应为：

$$Z(x,y)=j\left[X_{m}+M\mathrm{Re}(\psi_{rad}\psi_{sur}^{*})\right] \tag{5.13}$$

其中，X_m 代表全息阻抗表面整体阵列的平均阻抗，M 为调制深度，可以控制漏波的传输速率。

5.3.3　全息阻抗表面单元的分析

为了将几何结构的不连续性引入全息阻抗表面单元的设计中，本节采用如图 5.56 所示的单元结构，其中介质基板采用介电常数为 2.65 的 F2B 材料，其厚度为 0.5 mm。单元的顶层为斜开缝的金属贴片结构，底层为接地板。先设全息阻抗表面的工作频率为 24.125 GHz，单元的周期设为 $P=2$ mm，斜缝的宽度 $g_s=0.1$ mm，开缝的角度为 θ_k，两个单元之间的距离为 g。所设计的阻抗表面单元具有各向异性，故假设其张量阻抗矩阵可以表示为[14]：

$$Z=\begin{pmatrix}Z_{xx} & Z_{xy} \\ Z_{yx} & Z_{yy}\end{pmatrix} \tag{5.14}$$

借助全波仿真工具，我们对提出的全息阻抗表面单元进行仿真分析，其中在单元的四周设置主从边界条件来模拟无限周期边界。接着在单元的 X 和 Y 方向设置相位延迟 (φ_x,φ_y)，即可模拟表面波的传播方向 $\theta_t=\arctan(\varphi_y/\varphi_x)$。再利用本征模求解器求解在工作频率 f_0 下，该单元在 X 和 Y 方向的相位延迟，即可求得此时表面波传播方向上等效的标量阻抗 Z_0：

$$Z_{0}=j\eta_{0}\sqrt{\left(\frac{\sqrt{\varphi_{x}^{2}+\varphi_{y}^{2}}\times c}{2\pi fP}\right)^{2}-1} \tag{5.15}$$

其中，η_0 表示自由空间的波阻抗，c 为光速。对于张量阻抗表面来说，表面波不再只是纯 TE 模或 TM 模，而是 TE 和 TM 混合的表面波，根据阻抗边界条件可以得到张量阻抗表面单元在不同传播方向上的等效标量阻抗为：

$$Z_0 = j\eta_0 \frac{-j(\eta_0^2 - Z_{xy}^2 + Z_{xx}Z_{yy}) \pm \sqrt{\begin{array}{c} -(\eta_0^2 - Z_{xy}^2 + Z_{xx}Z_{yy})^2 + 4\eta_0^2 \\ \times(Z_{yy}\cos^2\theta_k - Z_{xy}\sin 2\theta_k + Z_{xx}\sin^2\theta_k) \\ \times(Z_{xx}\cos^2\theta_k + Z_{xy}\sin 2\theta_k + Z_{yy}\sin^2\theta_k) \end{array}}}{2\eta_0(Z_{yy}\cos^2\theta_k - Z_{xy}\sin 2\theta_k + Z_{xx}\sin^2\theta_k)} \tag{5.16}$$

可以画出阻抗表面单元的等效标量阻抗 Z_0 与传播方向 θ_t 的关系，如图 5.57 所示。首先，阻抗表面单元具有明显的各向异性。其次，等效标量阻抗与传播方向之间呈椭圆形的关系曲线，主轴角度 θ_{max} 与单元结构中金属贴片斜开缝的角度 θ_k 近似相等。根据仿真得到的标量阻抗，以及公式（4.13），选取三个不同的传播方向角度，即可得到三组数据，即：

$$\begin{cases} f(Z_{xx}, Z_{xy}, Z_{yy}, \theta_{t1}) = Z_1 \\ f(Z_{xx}, Z_{xy}, Z_{yy}, \theta_{t2}) = Z_2 \\ f(Z_{xx}, Z_{xy}, Z_{yy}, \theta_{t3}) = Z_3 \end{cases} \tag{5.17}$$

通过求解方程组（5.17）即可得到阻抗的各个分量 Z_{xx}, Z_{xy}, Z_{yy}。由于各个分量与尺寸之间的解析关系很难建立，可以考虑采用拟合法。在分析中可以发现，阻抗表面单元的开缝角度对长轴上等效标量阻抗值的影响很小，因此，我们采用主轴匹配法（即拟合主轴的最大值和主轴的偏转角度与几何尺寸之间的关系）将单元结构中的参数 g 和等效标量阻抗曲线中主轴的最大值 Z 联系起来，建立数据库，拟合出的关系为（如图 5.58 所示）：

$$Z = -339.1 \times g^5 + 1\,286.7 \times g^4 - 1\,879.9 \times g^3$$

$$+ 1\,341.1 \times g^2 - 498.2 \times g + 185.8 \tag{5.18}$$

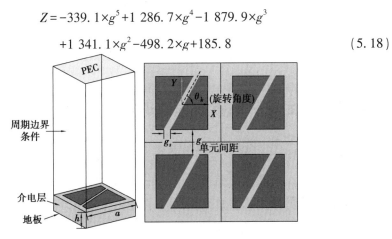

图 5.56　全息阻抗表面单元的结构和尺寸示意图[15]

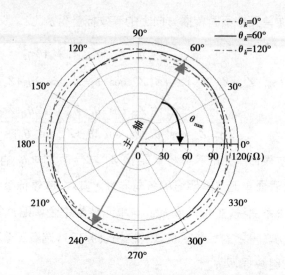

图 5.57　全息阻抗表面单元的等效标量阻抗与传播方向的关系

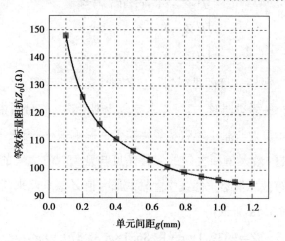

图 5.58　全息阻抗表面单元的等效标量阻抗与 g 之间的映射关系

（方点为全波仿真结果，黑线为拟合曲线）

5.3.4　全息阻抗表面天线的设计原理

　　如前所述，要设计能够产生任意波束的阻抗表面，要通过馈源产生的激励场 J_{surf} 与目标场 E_{pre}，反推出阻抗表面上各位置处的张量阻抗分布[16]。基于如图 5.59 所示的柱面共形阻抗表面天线，可以得到张量阻抗分布为：

$$Z = j \begin{pmatrix} Z_{xx} & Z_{xy} \\ Z_{yx} & Z_{yy} \end{pmatrix}$$

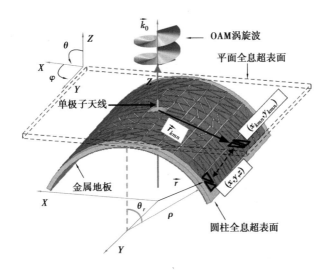

图 5.59　柱面共形的全息阻抗表面天线

$$= j \begin{pmatrix} X_m & 0 \\ 0 & X_m \end{pmatrix} + j \frac{M}{2} \mathrm{Im} \left(E_{pre} \otimes J_{sur}^H - J_{sur} \otimes E_{pre}^H \right) \qquad (5.19)$$

其中,$X_m = (Z_{max} + Z_{min})/2$ 为平均阻抗,$M = (Z_{max} X_m)/X_m$ 为调制深度。馈源的设计是通过在阻抗表面的中心位置开孔并向外延伸金属柱实现的,即单极子天线。现假定需要实现 X 轴极化的 OAM 涡旋电磁波,则馈源的激励场和目标场可以表示为:

$$J_{surf} = \frac{(x, y, 0)}{|\vec{r}_{kmn}|} \exp \left(-j \vec{k}_t \cdot \vec{r}_{kmn} \right) \qquad (5.20)$$

$$E_{pre} = (1, 0, 0) \exp \left(-j \vec{k} \cdot \vec{r} - j l \varphi_{kmn} \right) \qquad (5.21)$$

其中,$\vec{r}_{kmn}$ 表示阻抗表面上不同单元的位置矢量,$\vec{r}$ 代表单元所在位置的空间矢量,$\vec{k}$ 是指电磁波的波矢量,l 为 OAM 涡旋电磁波的模式数,φ_{kmn} 表示单元所在位置的空间相位角。现设定 OAM 涡旋电磁波的传播方向为 (θ_0, φ_0),则 φ_{kmn} 可以表示为:

$$\varphi_{kmn} = \arg \begin{bmatrix} x_{kmn} \cos \theta_0 \cos \varphi_0 + y_{kmn} \sin \theta_0 \sin \varphi_0 \\ + j(-x_{kmn} \sin \varphi_0 + y_{kmn} \cos \varphi_0) \end{bmatrix} \qquad (5.22)$$

其中,(x_{kmn}, y_{kmn}) 表示阻抗表面单元的坐标值,将上式代入阻抗分布公式中,可得:

$$
\begin{cases}
Z_{xx}=j\left[X_m+\dfrac{M}{|\vec{r}_{kmn}|}x_{kmn}\sin\left(\,|\vec{k}_t|\,\cdot\,|\vec{r}_{kmn}|-\vec{k}\cdot\vec{r}+l\varphi_{kmn}\right)\right] \\[2mm]
Z_{xy}=j\dfrac{M}{|\vec{r}_{kmn}|}y_{kmn}\sin\left(\,|\vec{k}_t|\,\cdot\,|\vec{r}_{kmn}|-\vec{k}\cdot\vec{r}+l\varphi_{kmn}\right) \\[2mm]
Z_{yy}=jX_m
\end{cases}
\tag{5.23}
$$

其中,有:

$$
\begin{cases}
|\vec{k}_t|=\sqrt{k_0\times(1+(X_m/\eta_0)^2)} \\[2mm]
|\vec{r}_{kmn}|=\sqrt{x_{kmn}^2+y_{kmn}^2} \\[2mm]
\vec{k}=\vec{e}_x|\vec{k}_0|\sin\theta_0\cos\varphi_0+\vec{e}_y|\vec{k}_0|\sin\theta_0\sin\varphi_0+\vec{e}_z|\vec{k}_0|\cos\theta_0 \\[2mm]
\vec{r}=\vec{e}_x\rho\sin\theta_r+\vec{e}_y\,y+\vec{e}_z\rho\cos\theta_r
\end{cases}
\tag{5.24}
$$

由上面的分析可以算出产生模式数为 l 的 OAM 涡旋电磁波所需的阻抗分布,再结合拟合出的单元尺寸参数 g 与阻抗之间的关系,即可设计出所需的全息阻抗表面天线。

5.3.5 全息阻抗表面天线产生 OAM 涡旋电磁波的性能分析

为了验证上述的理论,我们设计并加工了一款柱面共形的全息阻抗表面天线,该天线共有 111×61 个阻抗表面单元,尺寸为 222 mm×122 mm,工作频率为 ISM 频段下的 24.125 GHz。现需产生法向辐射的 OAM 涡旋电磁波束(模式数 $l=1$),可以通过 5.3.4 小节所述的设计理论得到阵列中尺寸参数 g 和开缝角 θ_k 的分布如图 5.60 所示,加工的实物图如图 5.61 所示。

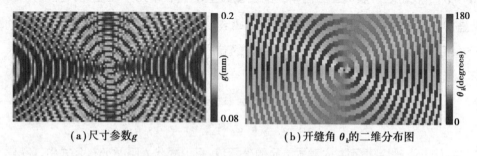

(a)尺寸参数 g (b)开缝角 θ_k 的二维分布图

图 5.60 柱面共形阻抗表面天线产生法向 $l=1$ 的 OAM 涡旋电磁波

图5.61　柱面共形全息阻抗表面天线的加工实物图

首先,我们对所设计的柱面共形全息表面天线的反射系数进行分析,仿真和测试的结果如图5.62所示。可以看出,两个结果吻合良好,天线的工作频带约为8 GHz(即$|S_{11}|<-10$ dB),相对带宽达到33%。

接着,采用平面近场扫描法对全息阻抗表面天线所产生的OAM涡旋电磁波波前电场分布进行测试,如图5.63所示。其中,近场测试的采样面距离天线阵面1.2 m,采样平面的尺寸为0.5 m×0.5 m,共81×81个采样点。分别在24 GHz和24.25 GHz对所产生的OAM涡旋电磁波进行分析,可以得到如图5.64所示的电场幅度和相位分布图。可以看出,测试的结果同仿真结果吻合良好,电场幅度分布图中均出现了中心零深区域,电场的相位分布也具有明显的螺旋相位形状。此外,在两个频率点下,天线的性能相对比较稳定,这表明所设计的柱面共形阻抗表面天线能够有效地产生所需的OAM涡旋电磁波,且相较于传统的平面阻抗表面天线,共形的设计易于与各种曲面平台集成,可以大大提高阻抗表面天线在实际中的应用。

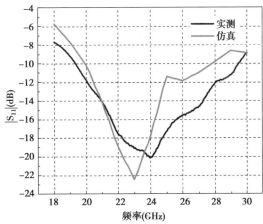

图5.62　柱面共形全息阻抗表面天线的仿真和测试反射系数对比

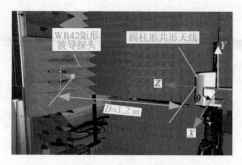

图 5.63　柱面共形全息阻抗表面天线的近场扫描测试场景图

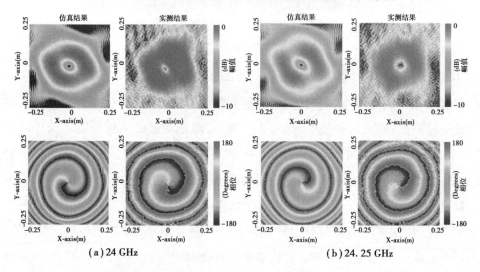

图 5.64　柱面共形全息阻抗表面天线产生 $l=1$ 的 OAM 涡旋电磁波
近场电场的幅度和相位分布结果

本章小结

本章主要围绕人工电磁表面这一热点方向开展了 OAM 涡旋电磁波产生方面的研究，并分别基于反射型、透射型、全息阻抗的人工电磁表面设计分析了 OAM 涡旋电磁波的产生，进一步地，引入了共形透射阵列天线、共形全息阻抗表面的设计理论和方法。总体来说，利用人工电磁表面来产生 OAM 涡旋电磁波具有设计简单、灵活性强、成本低廉、性能稳定等诸多优势。

第6章 射频涡旋电磁波方向图的分析与综合

从前面章节的内容可以看出,OAM 涡旋电磁波的相关研究发展十分迅速,特别是在微波频段方面的研究与应用已成为热点话题。其中,如何能高效地产生 OAM 涡旋电磁波是研究者们广泛关注的一个关键问题。现有的研究已经提出了多种用于产生涡旋电磁波的天线,如螺旋相位板、螺旋反射面、环形天线阵、行波天线、介质谐振天线、传输阵天线、反射阵天线以及基于人工电磁材料的新型天线等。然而,现有文献报道的涡旋电磁波在实际应用中存在两个重大缺陷,限制了其在通信和雷达等系统中的应用:一是在不同模式数切换时波束的发散角会发生改变;二是传统方法产生的涡旋电磁波束的副瓣电平通常处于较高水平。针对上述问题,本章节将深入讨论涡旋电磁波发散角与阵列口径及模式数之间的定量关系,探讨涡旋电磁波模式切换时波束发散角保持固定的方法,并进一步讨论低副瓣涡旋电磁波束产生方法,旨在为涡旋电磁通信和涡旋电磁雷达技术发展中存在的瓶颈问题提供解决思路。

6.1 涡旋电磁波辐射特性分析

虽然目前研究人员提出了多种产生涡旋电磁波的天线,但根据指定增益指标选取口径尺寸的天线并没有完善的理论指导,同时难以评价产生涡旋电磁波的天线口径效率。传统天线理论中天线的增益、口径尺寸和口径效率之间有直观的理论公式,但仅适用于传统高增益天线,因此对于涡旋电磁波天线的增益与口径的关系,还需进一步总结归纳。此外,由于能量发散角是涡旋电磁波的固有属性,任何一种方式产生的非零模态 OAM 波束都存在能量发散问题,而且使用同一天线阵列产生不同 OAM 模态波束时,发散角会发生变化,这对接收端天线的部署造成了重要影响。而实际中动态调整接收天线的位置并不现实,为了获得 OAM 模式数切换时发散角固定的涡旋电磁波,亟待探明发散角与 OAM 模式数和天线口径尺寸的定量关系。

6.1.1 均匀圆口径分析

口径天线是微波频段最常见的天线类型之一,例如螺旋反射面天线就是一种口径天线,它可以用于产生较高增益的涡旋电磁波。对于涡旋电磁波辐射特性的研究,我们从口径天线理论出发。如图 6.1 所示的圆形平面口径和坐标系,ρ' 是口径上任意一点到中心的距离。在一些实际情况下,口径场虽然有 x 和 y 两个极化分量,但往往只有主极化分量对辐射场起作用,而交叉极化分量较弱可以忽略,因此为了简化数学分析的复杂度,我们不妨假设口径上有一个理想的 y 极化涡旋电场分布,即 $\vec{E}_a = \hat{y} E_m(\rho') \, e^{jl\varphi'}$,其中 $E_m(\rho')$ 表示口径场沿径向的幅度分布函数,l 是 OAM 模式数。根据口径天线理论,对于一个半径为 R 的圆形口径,可以写出远场 $P(r,\theta,\varphi)$ 点处的表达式如下[1]:

$$E_P(r,\theta,\varphi) = \frac{jke^{jkr}}{4\pi r}(1+\cos\theta)\int_0^R \int_0^{2\pi} E_m(\rho') \, e^{jl\varphi'} e^{jk\rho'\sin\theta\cos(\varphi-\varphi')} \rho' \mathrm{d}\rho' \mathrm{d}\varphi' \quad (6.1)$$

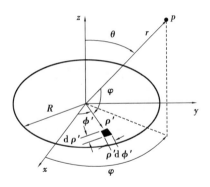

图 6.1　圆口径及其坐标系

其中波数 $k=2\pi/\lambda$，λ 是自由空间的波长，$(1+\cos\theta)/2$ 是口径场的惠根斯元方向图因子。从式(6.1)可以看出，求解涡旋电磁波口径场方向图函数的关键在于方程右边关于 ρ' 和 ϕ' 的二重积分，对此可以采用分步积分方法。由 l 阶贝塞尔函数 J_l 的积分展开恒等式[1]：

$$\int_0^{2\pi} e^{jk\rho'\sin\theta\cos(\varphi-\varphi')} e^{jl\varphi'} \mathrm{d}\varphi' = 2\pi j^l e^{jl\varphi} J_l(k\rho'\sin\theta) \tag{6.2}$$

式(6.1)可以进一步表示为：

$$E_P(r,\theta,\varphi) = \frac{j^{l+1} k e^{jkr}}{2r} (1+\cos\theta) e^{jl\varphi} \int_0^R E_m(\rho') J_l(k\rho'\sin\theta)\rho'\mathrm{d}\rho' \tag{6.3}$$

对于式(6.3)右边含有贝塞尔函数积分的计算是个非常复杂的问题。根据贝塞尔函数的积分恒等式，当口径的幅度分布函数 $E_m(\rho')={\rho'}^{(\alpha-1)}$ 时，可以得到如下闭式表达[2]：

$$\int_0^R E_m(\rho') J_l(k\rho'\sin\theta)\rho'\mathrm{d}\rho' = \frac{k^l R^{\alpha+l} \sin^l\theta}{2^l(\alpha+l+1)l!}$$

$$_1F_2\left(\frac{\alpha+l+1}{2}; \frac{\alpha+l+3}{2}, l+1; -\left(\frac{kR\sin\theta}{2}\right)^2\right) \tag{6.4}$$

其中 $\mathrm{Re}(\alpha+l)>-1$，$_1F_2$ 表示广义超几何函数，有如下定义：

$$_1F_2(a_1;b_1;b_2;u) = \sum_{n=0}^{\infty} \frac{(a_1)_n u^n}{(b_1)_n (b_2)_n n!} \tag{6.5}$$

其中 $(a)_n$ 是 Pochhammer 符号，定义为：

$$(a)_n = \begin{cases} 1 & n=0 \\ a(a+1)\cdots(a+n-1) & n>0 \end{cases} \tag{6.6}$$

当圆形口径具有均匀分布的口径场时，其口径是轴对称的，由此可知，当观察点处于远区场时，口径场的方向图函数 $E(\theta,\varphi)$ 只与观察点位置的俯仰角 θ 有关，而与水平方位角 φ 无关，即：

$$E(\theta) = \left| (1+\cos\theta)(\sin^l\theta)\,_1F_2\left[\frac{\alpha+l+1}{2};\frac{\alpha+l+3}{2},l+1;-\left(\frac{kR\sin\theta}{2}\right)^2\right] \right| \quad (6.7)$$

显然，当 $\alpha=1$ 时，$E_m(\rho')=1$ 表示幅度为均匀分布的口径场，令 $u=(kR\sin\theta)/2$，广义超几何函数 $_1F_2$ 在不同模式数 l 下可以进一步简化。

当 $l=0$ 时：

$$_1F_2(1;2,1;-u^2) = \frac{J_1(2u)}{u} \quad (6.8)$$

当 $l=1$ 时：

$$_1F_2\left(\frac{3}{2};\frac{5}{2},2;-u^2\right) = \frac{3\pi\left[J_1(2\sqrt{u})H_0(2\sqrt{u})-J_0(2\sqrt{u})H_1(2\sqrt{u})\right]}{4u} \quad (6.9)$$

当 $l=2$ 时：

$$_1F_2(2;3,3;-u^2) = -\frac{4\left[J_0(2\sqrt{u})+\sqrt{u}J_1(2\sqrt{u})-1\right]}{u^2} \quad (6.10)$$

当 $l=3$ 时：

$$_1F_2\left(\frac{5}{2};\frac{7}{2},4;-u^2\right) = \frac{15\left[J_1(2\sqrt{u})(3\pi\sqrt{u}H_0(2\sqrt{u})-8)\right]}{2u^{\frac{5}{2}}}$$

$$-\frac{\sqrt{u}J_0(2\sqrt{u})\left[3\pi H_1(2\sqrt{u})-8\right]}{2u^{\frac{5}{2}}} \quad (6.11)$$

当 $l=4$ 时：

$$_1F_2(3;4,5;-u^2) = \frac{72\left((u-2)J_1(2\sqrt{u})+2\sqrt{u}\left[1-J_2(2\sqrt{u})\right]\right)}{u^{\frac{7}{2}}} \quad (6.12)$$

当 $l=5$ 时：

$$_1F_2\left(\frac{7}{2};\frac{9}{2},6;-u^2\right) = \frac{210\left(J_1(2\sqrt{u})\left[5\pi H_0(2\sqrt{u})u^{\frac{3}{2}}+8(u-4)\right]\right)}{2u^{\frac{5}{2}}}$$

$$-\frac{210J_0(2\sqrt{u})\left[5\pi u H_1(2\sqrt{u})-8(u+4)\right]}{u^4} \quad (6.13)$$

其中，J_0、J_1 和 J_2 分别代表零阶、一阶和二阶的第一类贝塞尔函数，它们可以通过下面的表达式进行计算：

$$J_l(u) = \sum_{n=0}^{\infty} \frac{(-1)^n}{(n+l)!\, n!}\left(\frac{u}{2}\right)^{2n+l} \tag{6.14}$$

而 H_0 和 H_1 分别表示 0 阶和 1 阶斯特鲁夫函数（Struve function）。

$$H_0(u) = \frac{2}{\pi}\sum_{n=0}^{\infty}\frac{(-1)^n}{[(2n+1)!!]^2}u^{2n+1}$$

$$= \frac{2}{\pi}\left(u - \frac{1}{9}u^3 + \frac{1}{225}u^5 - \frac{1}{11\,025}u^7 + \cdots\right) \tag{6.15}$$

$$H_1(u) = \frac{2}{\pi}\sum_{n=0}^{\infty}\frac{(-1)^{n+1}}{(2n-1)!!\,(2n+1)!!}u^{2n}$$

$$= \frac{2}{\pi}\left(\frac{1}{3}u^2 - \frac{1}{45}u^4 + \frac{1}{1575}u^6 - \frac{1}{99\,225}u^8\cdots\right) \tag{6.16}$$

6.1.2　辐射方向图分析

从式(6.5)可知,涡旋电磁波口径的远场方向图由三个因子构成,分别是惠根斯辐射因子$(1+\cos\theta)$、$\sin^l\theta$因子和广义超几何函数$_1F_2$。由于$\sin^l\theta$的存在,涡旋电磁波在非零整数模式下($l\in N$ 且 $l\neq0$),远场方向图存在固有的中心零深现象。根据表达式(6.7)可计算出一个典型的涡旋电磁波圆形口径($l=1$, $R=2\lambda$)的远场辐射方向,如图6.2所示。可以看到,涡旋电磁波的远场辐射方向图除了具有中心零深特性外,还具有发散角θ_D。为了对比分析,这里以相同的口径大小 $R=2\lambda$,绘制了OAM模式数$l=2$的方向图曲线。从图中可以看出,均匀圆口径天线在相同的口径尺寸下,产生不同OAM模态时的发散角、波束宽度以及副瓣电平均会变化。发散角是涡旋电磁波辐射方向图具有的内在属性,其在相同口径下的变化问题对涡旋电磁波的接收提出了挑战。由于在接收涡旋电磁波时,通常需要将接收天线放置于涡旋电磁波的最大辐射场强方向上,而OAM涡旋电磁波通信技术的关键在于利用模式数的变化进行编码,这也就意味着接收端天线的摆放位置需要动态变化,这在现实中是难以实现的。

为了找到涡旋电磁波发散角与口径尺寸、模态数之间的关系,可以利用数值方法得到涡旋电磁波发散角θ_D与圆口径半径R之间的关系曲线如图6.3所示。这里我们对数据进行了曲线拟合,结果显示发散角与θ_D与R呈现反比关系。

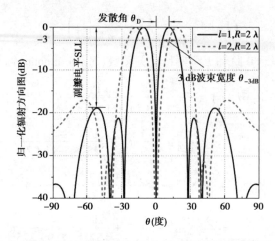

图 6.2　涡旋电磁波圆形口径($l=1$，$R=2\lambda$)的远场辐射方向图

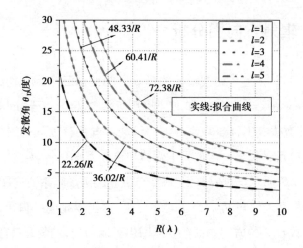

图 6.3　涡旋电磁波发散角 θ_D 与圆口径半径 R 之间的关系曲线

进一步思考,可以从图中找到解决发散角问题的思路,比如在发射端采用变口径方案。具体来说,可以对照发散角曲线,固定发散角 θ_D,找到不同模态时的口径大小,利用口径大小的实时重构来解决这一问题。此外,对于涡旋电磁波来说,方向性系数也是一个需要讨论的重要参数。根据口径天线的一般理论,计算天线方向性系数的公式如下:

$$D(\theta,\varphi) = \frac{4\pi E^2(\theta,\varphi)_{\max}}{\int_0^{2\pi}\int_0^{\pi} E^2(\theta,\varphi)\sin\theta \mathrm{d}\theta \mathrm{d}\varphi} \tag{6.17}$$

由于圆口径方向图具有对称性,因此表达式(6.17)只与 θ 有关,因此可以简化为:

$$D(\theta) = \frac{2E^2(\theta)_{\max}}{\int_0^\pi E^2(\theta)\sin\theta\,\mathrm{d}\theta}$$

(6.18)

该积分也可以用数值积分进行计算,结果如图6.4所示。

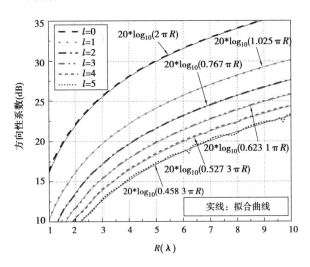

图6.4　方向性系数与圆口径半径 R 之间的关系曲线

同样可以通过数值计算方法,得到副瓣电平 SLL 与口径尺寸之间的关系,如表
6.1 所示。可以看出,对于均匀幅度的口径分布,当模态数固定时,随着天线口径
尺寸的增大,其副瓣电平 SLL 趋近于某一固定值。此外,当口径尺寸固定时,模态
数增大会导致副瓣电平的抬升。利用数值方法同样可以得到 3-dB 波束宽度的典
型值,如表6.2所示。可以看到,当固定 OAM 模态数时,3-dB 波束宽度随着口径尺
寸的增加而减小;当固定口径尺寸时,3-dB 波束宽度随着模态数的增大而增大。

表6.1　涡旋电磁波圆口径副瓣电平表数值解(单位:dB)

$R(\lambda)$	$l = 1$	$l = 2$	$l = 3$	$l = 4$	$l = 5$
1	−29.46	—	—	—	—
2	−18.87	−16.98	−16.91	—	—
3	−17.76	−15.23	−13.72	−12.75	−12.14
4	−17.46	−14.84	−13.21	−12.08	−11.25
5	−17.34	−14.68	−13.01	−11.83	−10.95
6	−17.27	−14.60	−12.91	−11.71	−10.81
7	−17.23	−14.55	−12.85	−11.64	−10.72

续表

$R(\lambda)$	$l=1$	$l=2$	$l=3$	$l=4$	$l=5$
8	−17.21	−14.52	−12.81	−11.59	−10.67
9	−17.19	−14.50	−12.78	−11.56	−10.64
10	−17.18	−14.48	−12.77	−11.54	−10.62

表 6.2　涡旋电磁波 3-dB 波束宽度 $\theta_{-3\,\mathrm{dB}}$ 数值解(单位:度)

$R(\lambda)$	$l=1$	$l=2$	$l=3$	$l=4$	$l=5$
1	25.43	—	—	—	—
2	12.14	13.94	15.70	—	—
3	8.02	9.05	9.94	10.81	11.69
4	6.00	6.72	7.33	7.88	8.41
5	4.79	5.36	5.82	6.23	6.61
6	3.99	4.45	4.83	5.15	5.46
7	3.42	3.81	4.13	4.40	4.65
8	2.99	3.33	3.60	3.84	4.05
9	2.66	2.96	3.20	3.41	3.59
10	2.39	2.66	2.88	3.06	3.23

6.1.3　算例

为了进一步验证上述分析的有效性,这里选取一个算例进行说明。已知所需涡旋电磁波模式数 l 和发散角 θ_D,求解所需的圆形口径半径 R。为方便观察,我们不妨选取发散角 $\theta_D=5°$,模式数 $l=2$。根据图 6.3 发散角与口径半径的关系曲线,可以计算出所需的圆形口径天线的半径 $R=36.02/\theta_D \approx 7.2(\lambda)$。为不失一般性,我们选取中心频率 $f=10$ GHz,对应波长 $\lambda=0.03$ m,我们可以画出口径场的分布如图 6.5 所示。为了验证分析方法的有效性,这里使用平面近远场变换法(Near-Field to Far-Field Transformation)计算口径的辐射方向图,结果如图 6.5 所示。从图中可以看到,使用平面近远场变换法得到的方向图与用解析公式得到的结果几乎重合,发散角均为 $\theta_D=5°$,近远场变换法计算的副瓣电平 $SLL=-14.60$ dB,与表 6.1

的结果在同一量级,但副瓣在大角度时有细微偏差,这个主要是由近远场变换算法的适用范围和精度导致的。

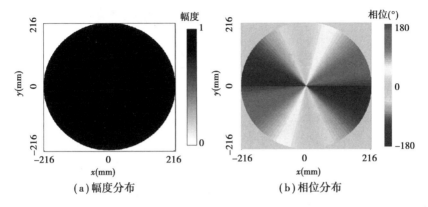

(a) 幅度分布　　　　　　　　(b) 相位分布

图6.5　模式数 $l=2$ 半径 $R=7.2\lambda$ 的圆口径

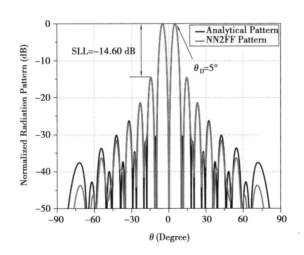

图6.6　解析方法与近远场变换方法得到的归一化方向图对比

6.2　射频涡旋电磁波方向图的副瓣综合方法

对于雷达应用,为了避免地物干扰、电磁干扰以及反辐射武器攻击,应将雷达天线的副瓣电平控制于较低水平(通常小于-30 dB),然而目前已有方法产生的涡旋电磁波,其副瓣电平处于一个较高水平(大于−15 dB)。由于传统切比雪夫综合方法和泰勒综合方法针对的是和波束副瓣电平控制,因此将其用于涡旋电磁波的控制效果并不明显,亟需探索适用于涡旋电磁波副瓣电平控制的综合方法[3]。

6.2.1 傅里叶-贝塞尔展开综合法

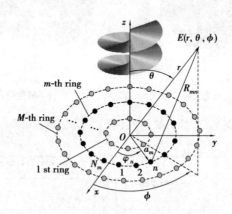

图6.7 同心圆环阵列及其坐标示意图

考虑如图6.7所示的 M 层同心圆环阵列天线,N_m 表示第 m 层圆环阵的天线单元数量,根据阵列天线理论,同心圆环阵列天线的远场方向图 $E(r,\theta,\phi)$ 可表示为:

$$E(r,\theta,\varphi) = \sum_{m=1}^{M} \sum_{n=1}^{N_m} \beta_{mn} \frac{e^{-jkR_{mn}}}{R_{mn}} \tag{6.19}$$

其中,r,θ 和 ϕ 分别表示观察点的距离、俯仰角和方位角。R_{mn} 表示阵列上第 mn 个单元天线与观察点的距离,j 是虚数单位,k 是自由空间的波数。为了产生模式数为 l 的涡旋电磁波,阵列上各天线单元所需的激励系数 β_{mn} 需要满足:

$$\beta_{mn} = I_m e^{jl\varphi_{mn}} \tag{6.20}$$

同心环上每一圈的单元天线的振幅均为 I_m,相位满足 $l\varphi_{mn}$,式(6.19)可进一步表示为:

$$E(r,\theta,\varphi) = \frac{e^{-jkr}}{r} \sum_{m=1}^{M} \left\{ I_m \sum_{n=1}^{N_m} e^{jl\varphi_{mn}} e^{jka_m \sin\theta \cos(\varphi-\varphi_{mn})} \right\} \tag{6.21}$$

φ_{mn} 是第 mn 个单元在 x-y 平面上的方位角。考虑近似公式:

$$\sum_{n=1}^{N_i} e^{jl\varphi_n} e^{jka_m \sin\theta \cos(\varphi-\varphi_n)} \approx \frac{N_m e^{jl\varphi}}{2\pi} \int_0^{2\pi} e^{jka_m \sin\theta \cos(\varphi-\varphi)} e^{jl\varphi} d\varphi$$

$$= N_m j^l e^{jl\varphi} J_l(ka_m \sin\theta) \tag{6.22}$$

其中，J_l 表示 l 阶第一类贝塞尔函数，式(6.21)可表示为：

$$E(r,\theta,\varphi) = \frac{e^{-jkr}}{r} \sum_{m=1}^{M} I_m N_m j^l e^{jl\varphi} J_l(ka_m \sin\theta) \tag{6.23}$$

由此可得同心环阵列的远场方向图阵因子 $F(\theta,\phi)$ 如下所示：

$$F(\theta,\varphi) = e^{jl\varphi} \sum_{m=1}^{M} I_m N_m j^l J_l(ka_m \sin\theta) \tag{6.24}$$

显然，表达式 $e^{jl\phi} N_m j^l J_l(ka_m \sin\theta)$ 表示第 m 层环形阵列的方向图。考虑到环形阵列的旋转对称性，方向图函数 $F(\theta,\phi)$ 可进一步表示成只与俯仰角 θ 有关的函数 $F(\theta)$：

$$F(\theta) = \sum_{m=1}^{M} I_m N_m J_l(ka_i \sin\theta) \tag{6.25}$$

从式(6.25)可以看出，同心圆环阵列所产生的涡旋电磁波束可表示为有限项的贝塞尔级数。而在数学物理方法中，贝塞尔函数作为一种正交基函数，可用于任意函数的展开。对于一个定义在 $[0,R]$ 的函数 $f(z)$ 有如下所示的贝塞尔-傅里叶展开公式[4]：

$$f(z) = \sum_{m=1}^{\infty} C_m J_l\left(\frac{u_m^{(l)}}{R}z\right) \tag{6.26}$$

其中，$u_i^{(l)}$ 是贝塞尔函数 J_l 的第 i 个非负零点，而展开系数 C_m 的计算公式如下：

$$C_m = \frac{\int_0^R zf(z)J_l\left(\frac{u_m^{(l)}}{R}z\right)\mathrm{d}z}{\int_0^R z\left[J_l\left(\frac{u_m^{(l)}}{R}z\right)\right]^2 \mathrm{d}z} = \frac{\int_0^R zf(z)J_l\left(\frac{u_m^{(l)}}{R}z\right)\mathrm{d}z}{\frac{1}{2}R^2 J_{l+1}(u_m^{(l)})} \tag{6.27}$$

对比式(6.25)和(6.26)可以看出，式(6.25)是有限级数而式(6.26)是无穷级数。令 $z=R\sin\theta$，同时对式(6.26)取有限项次 M，我们可以得到一个近似表达式如下：

$$F(\theta) = f(R\sin\theta)$$
$$\approx \sum_{m=1}^{M} C_m J_l(u_m^{(l)}\sin\theta)$$
$$= \sum_{m=1}^{M} I_m N_m J_l(ka_i \sin\theta) \tag{6.28}$$

由此可得第 m 环的半径 a_m 和激励振幅 I_m：

$$a_m = \frac{u_m^{(l)}}{k} \tag{6.29}$$

$$I_m = \frac{C_m}{N_m} \tag{6.30}$$

这意味着只需得到各环形阵的半径和激励幅度,即可综合得出任意方向图函数 $F(\theta)$。

6.2.2　贝利斯差方向图函数

为了综合一个低副瓣涡旋电磁波束,我们还需要一个目标方向图函数。由于涡旋电磁波的方向图具有中心零深特性,与单脉冲雷达天线的差波束具有一定的相似性,因此这里考虑利用贝利斯差波束方向图函数作为基本目标函数,如下所示[5]:

$$F(z) = \pi z \cos(\pi z) \frac{\prod_{n=1}^{\bar{n}-1}\left[1 - \left(\frac{z}{z_n}\right)^2\right]}{\prod_{n=0}^{\bar{n}-1}\left[1 - \left(\frac{z}{n+0.5}\right)^2\right]} \tag{6.31}$$

其中,$z = \rho \sin\theta$,ρ 可取大于 0 的实数,ρ 的取值越大发散角越小,$\bar{n}$ 是一个大于 1 的整数,表示分母连乘式的项数,一般需要取到一定数值才能得到所需的方向图,式 (6.31) 中的 z_n 可以表示为:

$$z_n = \begin{cases} \left(\bar{n}+\dfrac{1}{2}\right)\dfrac{\xi_n}{\sqrt{A^2+\bar{n}^2}}, & n = 1,2,3,4 \\[3mm] \left(\bar{n}+\dfrac{1}{2}\right)\sqrt{\dfrac{A^2+n^2}{A^2+\bar{n}^2}}, & n = 5,6,\cdots,\bar{n}-1 \end{cases} \tag{6.32}$$

参数 A 和 ξ_n 是随副瓣电平变化的值,如表 6.3 所示:

表6.3　不同副瓣电平下的参数 A 和 ξ_n

SLL(dB)	A	ξ_1	ξ_2	ξ_3	ξ_4
−15	1.007 9	1.512 4	2.256 1	3.169 3	4.126 4
−20	1.224 7	1.696 2	2.369 8	3.247 3	4.185 4
−25	1.435 5	1.882 6	2.494 3	3.335 1	4.252 7
−30	1.641 3	2.070 8	2.627 5	3.431 4	4.327 6

续表

SLL(dB)	A	ξ_1	ξ_2	ξ_3	ξ_4
-35	1.843 1	2.260 2	2.767 5	3.535 2	4.409 3
-40	2.041 5	2.450 4	2.912 3	3.645 2	4.497 3

举例来说,我们不妨取副瓣电平 SLL<-30 dB,分母部分的连乘式项数 $\bar{n}=4$,可算出 $\{z_1, z_2, z_3\}=\{2.070\ 8, 2.627\ 5, 3.431\ 4\}$。当 $\rho=10$ 时,可得取值范围 $-90°\leqslant\theta\leqslant 90°$ 的归一化目标函数。对于目标函数,我们可以通过数值积分计算式(6.27)的傅里叶贝塞尔展开系数 C_m,这里不妨取贝塞尔函数的阶数 $l=1$(对应涡旋电磁波的模式数 $l=1$),项数 $M=10$,可算出展开系数 $\{C_1,\cdots, C_{10}\}=\{0.046\ 6, 0.137\ 8,$ $0.259\ 2, 0.366\ 8, 0.464\ 7, 0.482\ 2, 0.478\ 6, 0.347\ 5, 0.395\ 3, 0.215\ 8\}$,再将计算得出的系数代回式(6.26)计算,可得到综合后的函数曲线如图 6.8 所示。可以看出,综合得到的曲线与目标函数吻合良好。

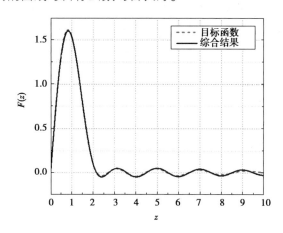

图 6.8　目标函数 $F(z)$ 与综合所得的 $F(z)$ 曲线对比图

令 $z=R\sin\theta$,通过计算式 $20\times\log_{10}\left[\left|F(z)/F(z)_{max}\right|\right]$,我们可以将 $F(z)$ 转换为归一化辐射方向图函数 $F(\theta)$,如图 6.9 所示。这里的参数 R 是一个正实数,其取值与发散角 θ_D 相关。举例来说,目标方向图函数 $F(\theta)$ 中 $R=10$ 对应发散角 $\theta_D=4.7°$。从图 6.9 中可以发现综合所得到的方向图的发散角 $\theta_D=4.7°$,副瓣电平 SLL<-30 dB,与目标函数曲线几乎一致。其中,大角度区域的副瓣上存在的细微区别,考虑可能由以下原因导致:一是对已知函数进行傅里叶贝塞尔级数展开时,理论上应有无穷多项,而这里进行的是有限项次的展开,本身就是一个近似求解;

二是求解展开系数 C_i 时,需要对复杂的方向图函数进行数值积分,有产生计算误差的可能。

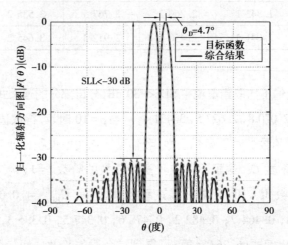

图6.9 转换为归一化方向图函数后的对比图

此外,我们计算了发散角 θ_D 与参数 R 之间的关系曲线,如图 6.10 所示。结果显示参数 R 取值越大,综合所得的涡旋电磁波发散角越小。

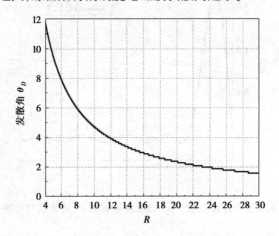

图6.10 发散角 θ_D 与参数 R 之间的关系曲线

6.2.3 算例与验证

1)**算例** 1:采用理想点源的综合

为进一步检验综合方法的有效性,我们对上述结构进行数值仿真验证,这里综

合一个模式数 $l=2$ 的涡旋电磁波。为不失一般性,我们选取频率 $f=10$ GHz,对应波长 $\lambda=30$ mm,波数 $k=2\pi/\lambda\approx209.44$ rad/m。在此实例中,我们需要采用二阶贝塞尔函数来展开 $|F(z)|$,此时我们展开项数区 $M=15$。对于二阶贝塞尔函数 J_2,其前 15 个非负零点的位置为 $\{u_1^{(2)},\cdots,u_{15}^{(2)}\}=\{5.1356,8.4172,11.6198,$ $14.7960,17.9598,21.1170,24.2701,27.4206\,30.5692,33.7165,36.8629,$ $40.0084,43.1535,46.2980,49.4421\}$。根据式(6.29),我们可以计算出每个环所在的位置 $\{a_1,\cdots,a_{15}\}=\{24.5,40.2,55.5,70.6,85.8,100.8,115.9,$

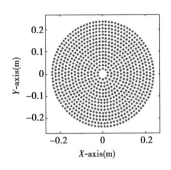

130.9,　146.0,　161.0,　176.0,　191.0,　206.0,221.1,236.1} mm。我们需要计算每一圈的单元数量 N_m,排布原则是单元均匀排布于环上,且单元间弧长间距 $S_i\approx0.5\lambda$。根据以上原则,可得同心圆环阵列各圈的单元数量:$\{N_1,\cdots,N_{15}\}=\{10,17,$ 23,30,36,42,49,55,61,67,74,80, 86,93,99},共计 822 个单元,如图 6.11 所示。

图 6.11　用于产生 $l=2$ 的低副瓣涡旋电磁的同心圆环阵示意图

进一步,根据式(6.30)可计算出各坏的归一化单元激励幅度如下:$\{I_1,\cdots,$ $I_{15}\}=\{-1.78,-9.14,-4.01,-3.19,-0.73,-0.32,0.00,-0.72,-1.54,-3.44,$ $-5.64,-8.75,-11.78,-15.45,-18.61\}$ dB,如图 6.12 所示。

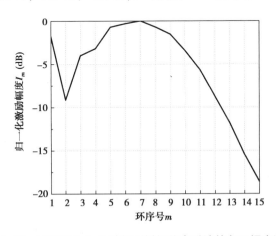

图 6.12　用于产生 $l=2$ 的低副瓣涡旋电磁波的各环幅度激励

我们使用 Matlab 相控阵设计工具箱 Phased Array Design Toolbox v2.5 对上述

同心圆环阵进行仿真分析,作为对比,这里计算了均匀幅度分布、切比雪夫分布、泰勒分布以及傅里叶贝塞尔展开等方法的结果,如图 6.13 所示。可以看到,利用传统的切比雪夫综合法和泰勒综合法,得到的波束的副瓣电平均高于傅里叶贝塞尔展开法。

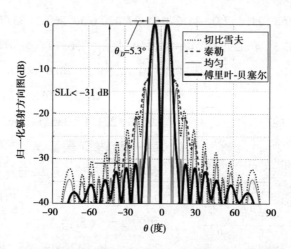

图 6.13　不同方法产生模式数 l=2 的涡旋电磁波的辐射方向图对比

可以看到经过幅度综合后的涡旋电磁波方向图副瓣电平值 SLL<−31 dB,达到预设目标 SLL<−30 dB。而等幅激励下涡旋电磁波束的副瓣电平 SLL<−15 dB,切比雪夫综合法的副瓣电平 SLL<−19 dB,泰勒综合法所得的副瓣电平 SLL<−21 dB,均处于较高水平,这说明傅里叶贝塞尔展开综合方法是切实有效的。此外,综合波束的发散角 θ_D=5.3°,十分接近预设的目标 4.7°。进一步通过对截面近场分布进行仿真以验证方法的有效性。取观察面位置 z=1 m,尺寸 1 m×1 m,幅度分布仿真结果如图 6.14 所示,相位分布如图 6.15 所示。对比近场幅度分布可知,低副瓣综合后的能量分布更加集中;对比相位分布,可以看出通过低副瓣综合后的相位分布,其涡旋特征更加清晰。

2)**算例** 2:采用理想半波振子作为单元天线的方向图综合

前面的算例分析的是理想点源作为阵元的方向图综合,为了进一步说明方法的有效性,这里用理想半波阵子作为单元进行低副瓣涡旋电磁波的综合。为方便对照,OAM 模式数 l=2,仿真模型的几何结构如图 6.16(a)所示,仿真结果如图 6.16(b)所示。我们可以看到基于理想半波振子所得的低副瓣涡旋电磁波,其副瓣电平值低于理想点源。

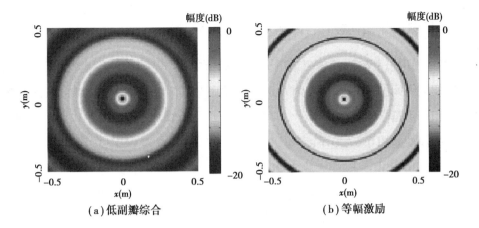

（a）低副瓣综合　　　　　　　　　（b）等幅激励

图 6.14　近场幅度图

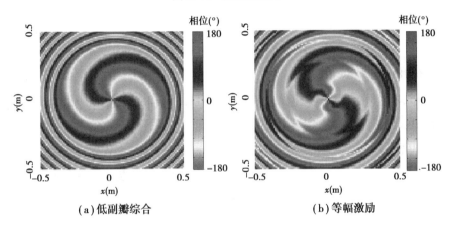

（a）低副瓣综合　　　　　　　　　（b）等幅激励

图 6.15　近场相位图

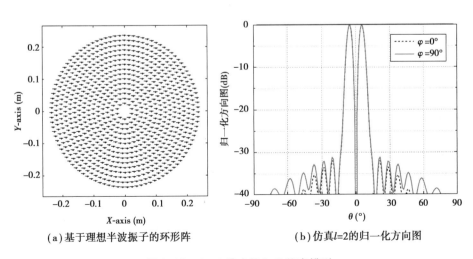

（a）基于理想半波振子的环形阵　　　　（b）仿真 $l=2$ 的归一化方向图

图 6.16　OAM 模式数 $l=2$ 仿真模型

3）算例3：采用偶极子作为单元天线的全波验证

在前面的低副瓣涡旋电磁波的分析与综合中，并没有考虑实际单元天线的形式，以及天线间的互耦影响。为了进一步验证傅里叶-贝塞尔展开综合法的有效性，我们采用基于矩量法的全波仿真软件进行验证，单元采用长度为 0.45λ 的偶极子天线，模型如图 6.17 所示。

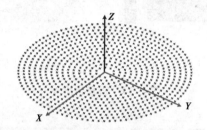

图6.17　基于偶极子的圆环阵列天线的全波仿真模型示意图

图 6.18 展示了综合后的阵列与均匀幅度激励阵列的涡旋电磁波辐射方向图。与图 6.16 对比可以发现，全波仿真的副瓣电平 SLL<-25.8 dB，高于理论中的副瓣电平值 SLL<-31dB。这一差异很可能是由阵元间的耦合导致的，但副瓣电平依然处于一个较低水平。图 6.19 和图 6.20 分别给出了仿真的截面电场幅度分布和相位分布。可以看到，基于傅里叶-贝塞尔展开综合法的幅度集中程度和相位清晰程度均优于均匀幅度激励的情况。综上可以看出，傅里叶贝塞尔展开综合法可以有效地对涡旋电磁波的副瓣进行综合。

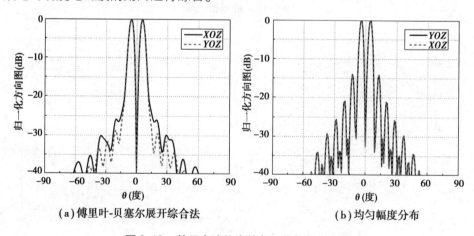

（a）傅里叶-贝塞尔展开综合法　　　　　（b）均匀幅度分布

图6.18　基于全波仿真的归一化辐射方向图

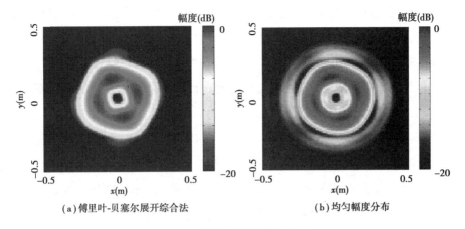

（a）傅里叶-贝塞尔展开综合法 （b）均匀幅度分布

图 6.19 仿真的电场幅度分布

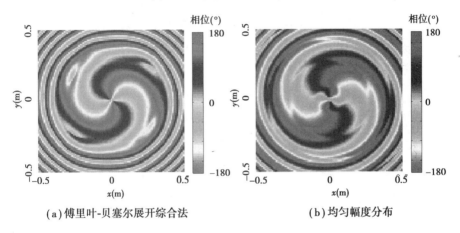

（a）傅里叶-贝塞尔展开综合法 （b）均匀幅度分布

图 6.20 仿真的电场相位分布

本章小结

    本章讨论了涡旋电磁波辐射方向图的分析与综合方法。首先，推导了均匀圆口径产生涡旋电磁波的远场方向图闭式表达，分析了涡旋电磁波的发散角与天线口径尺寸及模态数之间的关系，结果显示发散角与 θ_D 与天线口径 R 呈现反比关系，并对方向性系数、副瓣电平、波束宽度等进行了讨论。结果显示，对于均匀幅度的口径分布,当模态数固定时,随着天线口径尺寸的增大,其副瓣电平 SLL 趋近于某一固定值。此外,当口径尺寸固定时,模态数增大会导致副瓣电平的抬升。当固定 OAM 模态数时,3-dB 波束宽度随着口径尺寸的增加而减小;当固定口径尺寸时,3-dB 波束宽度随着模态数的增大而增大。相关结果可用于涡旋电磁波天线的重构,以实现一副天线产生不同 OAM 模态的涡旋电磁波时,发散角稳定的控制方法。该研究有望使涡旋电磁通信模式切换时的发散角固定,以解决涡旋电磁波远距离通信时接收天线的配置难题。由于传统切比雪夫综合法和泰勒综合法适用的是和波束,对于涡旋电磁波来说并不适用,利用傅里叶贝塞尔展开可有效实现涡旋电磁波的综合,该方法有望解决低副瓣涡旋电磁波的产生问题,为未来新体制涡旋雷达的应用提供理论支撑。

参考文献

第1章

[1] 李龙, 薛皓, 冯强. 涡旋电磁波的理论与应用研究进展 [J]. 微波学报, 2018, 34(2): 1-12.

[2] 王亦楠. 关于轨道角动量天线的研究 [J]. 2015,

[3] 回晓楠. 携带轨道角动量涡旋电磁波天线及传输系统的研究 [D]. 杭州: 浙江大学, 2015.

[4] Paterson C. Atmospheric turbulence and orbital angular momentum of single photons for optical communication [J]. Physical Review Letters, 2005, 94(15): 477-481.

[5] Wang J, Yang J Y, Fazal I M, et al. Terabit free-space data transmission employing orbital angular momentum multiplexing [J]. Nature Photonics, 2012, 6(7): 488-496.

[6] Gao X, Huang S, Wei Y, et al. An orbital angular momentum radio communication system optimized by intensity controlled masks effectively: Theoretical design and experimental verification [J]. Applied Physics Letters, 2014, 105(24): 241109.

[7] Thidé B, Then H, Sjöholm J, et al. Utilization of photon orbital angular

momentum in the low-frequency radio domain [J]. Physical Review Letters, 2007, 99(8):087701.

[8] Hu Y, Zheng S, Zhang Z, et al. Simulation of orbital angular momentum radio communication systems based on partial aperture sampling receiving scheme [J]. IET Microwaves Antennas and Propagation, 2016, 10(10): 1043-1047.

[9] Mohammadi S M, Daldorff L K S, Bergman J E S, et al. Orbital Angular Momentum in Radio—A System Study [J]. IEEE Transactions on Antennas and Propagation, 2010, 58(2): 565-572.

[10] Mohammadi S M, Daldorff L K S, Forozesh K, et al. Orbital angular momentum in radio: Measurement methods [J]. Radio Science, 2010, 45(4): 2017-2039.

[11] Tamburini F, Mari E, Sponselli A, et al. Encoding many channels in the same frequency through radio vorticity: first experimental test [J]. New Journal of Physics, 2012, 14(3): 811-815.

[12] Allen L, Beijersbergen M W, Spreeuw R J, et al. Orbital angular momentum of light and the transformation of Laguerre-Gaussian laser modes [J]. Physical Review A, 1992, 45(11): 8185-8189.

[13] Tamburini F, Thidé B, Molina G. Twisting of light around rotating black holes [J]. Nature Physics, 2011, 7(3): 195-197.

[14] Ma Q, Shi C B, Bai G D, et al. Beam-Editing Coding Metasurfaces Based on Polarization Bit and Orbital-Angular-Momentum-Mode Bit [J]. Advanced Optical Materials, 2017, 5: 1700548.

[15] Yin J Y, Ren J, Zhang L, et al. Microwave Vortex-Beam Emitter Based on Spoof Surface Plasmon Polaritons [J]. Laser and Photonics Reviews, 2018, 12: 1600316.

[16] Chen M L N, Jiang L J, Sha W E I. Ultrathin Complementary Metasurface for Orbital Angular Momentum Generation at Microwave Frequencies [J]. IEEE Transactions on Antennas and Propagation, 2017, 65(1): 396-400.

[17] Chen M, Jiang L J, Sha W E I. Detection of Orbital Angular Momentum with Metasurface at Microwave Band [J]. IEEE Antennas and Wireless Propagation Letters, 2017, 17(1): 110-113.

［18］ Xu H X, Liu H, Ling X, et al. Broadband Vortex Beam Generation Using Multi-mode Pancharatnam-Berry Metasurface ［J］. IEEE Transactions on Antennas and Propagation, 2017, 65(12): 7378-7382.

［19］ Ding G, Chen K, Jiang T, et al. Full control of conical beam carrying orbital angular momentum by reflective metasurface ［J］. Optics Express, 2018, 26(16): 20990-21002.

［20］ Shi H, Wang L, Peng G, et al. Generation of Multiple Modes Microwave Vortex Beams Using Active Metasurface ［J］. IEEE Antennas and Wireless Propagation Letters, 2019, 18(1): 59-63.

［21］ Yuan T, Cheng Y, Wang H, et al. Beam Steering for Electromagnetic Vortex Imaging Using Uniform Circular Arrays ［J］. IEEE Antennas and Wireless Propagation Letters, 2017, 16: 704-707.

［22］ Zheng S, Chen Y, Zhang Z, et al. Realization of Beam Steering Based on Plane Spiral Orbital Angular Momentum Wave ［J］. IEEE Transactions on Antennas and Propagation, 2018, 66(3): 1352-1358.

［23］ Song Q, Wang Y, Liu K, et al. Beam steering for OAM beams using time-modulated circular arrays ［J］. Electronics Letters, 2018, 54(17): 1017-1018.

［24］ 魏克军, 赵洋, 徐晓燕. 6G 愿景及潜在关键技术分析 ［J］. 移动通信, 2020, 44(6): 17-21.

［25］ Yu S, Li L, Shi G, et al. Design, fabrication, and measurement of reflective metasurface for orbital angular momentum vortex wave in radio frequency domain ［J］. Applied Physics Letters, 2016, 108(12): 5448.

［26］ Yu S, Li L, Shi G, et al. Generating multiple orbital angular momentum vortex beams using a metasurface in radio frequency domain ［J］. Applied Physics Letters, 2016, 108(24): 662.

［27］ Yu S, Li L, Shi G. Dual-polarization and dual-mode orbital angular momentum radio vortex beam generated by using reflective metasurface ［J］. Applied Physics Express, 2016, 9(8): 082202.

［28］ Kou N, Yu S, Li L. Generation of high-order Bessel vortex beam carrying orbital angular momentum using multilayer amplitude-phase-modulated surfaces in radio-frequency domain [J]. Applied Physics Express, 2017, 10(1): 016701.

[29] Yu S, Li L, Kou N, et al. Generation, reception and separation of mixed-state orbital angular momentum vortex beams using metasurfaces [J]. Optical Materials Express, 2017, 7(9): 3312.

[30] 蒋基恒, 余世星, 寇娜, 等. 基于平面相控阵的轨道角动量涡旋电磁波扫描特性 [J]. 物理学报, 2021, 70(23): 238401.

[31] Yu S, Kou N, Jiang J, et al. Beam Steering of Orbital Angular Momentum Vortex Waves With Spherical Conformal Array [J]. IEEE Antennas and Wireless Propagation Letters, 2021, 20(7): 1244-1248.

[32] Jiang J, Yu S, Kou N, et al. Generation of orbital angular momentum vortex beams with cylindrical and conical conformal array antennas [J]. International Journal of RF and Microwave Computer-Aided Engineering, 2022, 32 (1): e22914.

[33] Fu B, Yu S-X, Kou N, et al. Design of cylindrical conformal transmitted metasurface for orbital angular momentum vortex wave generation [J]. Chinese Physics B, 2022, 31(4): 040703.

[34] Wang H, Yu S, Kou N, et al. Cylindrical holographic impedance metasurface for OAM vortex wave generation [J]. Applied Physics Letters, 2022, 120 (14): 143504.

[35] Kou N, Yu S. Low Sidelobe Orbital Angular Momentum Vortex Beams Based on Modified Bayliss Synthesis Method for Circular Array [J]. IEEE Antennas and Wireless Propagation Letters, 2022, 21(5): 968-972.

[36] Bai Q, Tennant A, Allen B. Experimental circular phased array for generating OAM radio beams [J]. Electronics Letters, 2014, 50(20): 1414-1415.

第 2 章

[1] Thidé B, Tamburini F. OAM Radio—Physical Foundations and Applications of Electromagnetic Orbital Angular Momentum in Radio Science and Technology [M]. Electromagnetic Vortices. 2021: 33-95.

［2］王一平. 工程电动力学［M］. 修订版. 西安：西安电子科技大学出版社, 2007.

［3］Pfeifer R N C, Nieminen T A, Heckenberg N R, et al. Colloquium：Momentum of an electromagnetic wave in dielectric media［J］. Rev Mod Phys, 2007, 79(4)：1197-1216.

［4］代熠. 介质中的 Abraham-Minkowski 动量的相关研究［D］. 武汉：武汉科技大学, 2011.

［5］赵慧媛. 电磁场角动量的研究［D］. 上海：华东师范大学, 2017.

第 3 章

［1］Mohammadi S M, Daldorff L K S, Bergman J E S, et al. Orbital Angular Momentum in Radio—A System Study［J］. IEEE Transactions on Antennas and Propagation, 2010, 58(2)：565-572.

［2］Jack B, Padgett M J, Franke-Arnold S. Angular diffraction［J］. New Journal of Physics, 2008, 10(10)：103013.

［3］Wang L, Chen H, Guo K, et al. An Inner- and Outer-Fed Dual-Arm Archimedean Spiral Antenna for Generating Multiple Orbital Angular Momentum Modes［J］. Electronics, 2019, 8(2)：251.

［4］蒋基恒, 余世星, 寇娜, 等. 基于平面相控阵的轨道角动量涡旋电磁波扫描特性［J］. 物理学报, 2021, 70(23)：238401.

第 4 章

［1］Jiang J, Yu S, Kou N, et al. Generation of orbital angular momentum vortex beams with cylindrical and conical conformal array antennas［J］. International Journal of RF and Microwave Computer—Aided Engineering, 2022, 32(1)：e22914.

［2］White D, Kimerling J A, Overton S W. Cartographic and Geometric Components of a Global Sampling Design for Environmental Monitoring［J］. Cartography and Geographic Information Systems，1992，19（1）：5-22.

［3］张胜茂，吴健平，周科松. 基于正多面体的球面三角剖分与分析［J］. 计算机工程与应用，2008（9）：16-19.

［4］Horiguchi S，Ishizone T，Mushiake Y. Radiation characteristics of spherical triangular array antenna［J］. IEEE Transactions on Antennas and Propagation，1985，33（4）：472-476.

［5］Hoffman M. Conventions for the analysis of spherical arrays［J］. IEEE Transactions on Antennas and Propagation，1963，11（4）：390-393.

［6］杨继波. 球面阵列天线波束形成技术研究［D］. 成都：电子科技大学，2011.

［7］姜智楠. 球形相控阵天线的优化设计技术研究［D］. 北京：中国航天科技集团公司第一研究院，2017.

［8］Yu S，Kou N，Jiang J，et al. Beam Steering of Orbital Angular Momentum Vortex Waves With Spherical Conformal Array［J］. IEEE Antennas and Wireless Propagation Letters，2021，20（7）：1244-1248.

第5章

［1］Berry D，Malech R，Kennedy W. The reflectarray antenna［J］. IEEE Transactions on Antennas and Propagation，1963，11（6）：645-651.

［2］余世星. 人工电磁表面的理论设计及涡旋电磁波调控应用研究［D］. 西安：西安电子科技大学，2017.

［3］Yu S，Li L，Shi G，et al. Design，fabrication，and measurement of reflective metasurface for orbital angular momentum vortex wave in radio frequency domain［J］. Applied Physics Letters，2016，108（12）：121903.

［4］Yu S，Li L，Shi G，et al. Generating multiple orbital angular momentum vortex beams using a metasurface in radio frequency domain［J］. Applied Physics Letters，2016，108（24）：241901.

［5］Yu S，Li L，Shi G. Dual-polarization and dual-mode orbital angular momentum radio vortex beam generated by using reflective metasurface［J］. Applied Physics Express，2016，9（8）：082202.

［6］Datthanasombat S. Analysis and design of high-gain space-fed passive microstrip array antennas［D］；University of Southern California，2003.

［7］Milne R. Dipole array lens antenna［J］. IEEE Transactions on Antennas and Propagation，1982，30(4)：704-712.

［8］寇娜. 频率选择超构表面理论及其在孔径成像系统中的应用研究［D］. 西安：西安电子科技大学，2018.

［9］Kou N，Yu S，Li L. Generation of high-order Bessel vortex beam carrying orbital angular momentum using multilayer amplitude-phase-modulated surfaces in radio-frequency domain［J］. Applied Physics Express，2017，10(1)：016701.

［10］Fu B，Yu S-X，Kou N，et al. Design of cylindrical conformal transmitted meta-surface for orbital angular momentum vortex wave generation［J］. Chinese Physics B，2022，31(4)：040703.

［11］Tanigaki T，Harada K，Murakami Y，et al. New trend in electron holography［J］. Journal of Physics D：Applied Physics，2016，49(24)：244001.

［12］李佳妮. 全息阻抗调制表面的波束扫描特性研究［D］. 成都：电子科技大学，2021.

［13］姚鸣. 全息人工阻抗表面对调控电磁波辐射特性的研究［D］. 成都：电子科技大学，2020.

［14］Patel A M，Grbic A. Effective Surface Impedance of a Printed-Circuit Tensor Impedance Surface（PCTIS）［J］. IEEE Transactions on Microwave Theory and Techniques，2013，61(4)：1403-1413.

［15］Wang H，Yu S，Kou N，et al. Cylindrical holographic impedance metasurface for OAM vortex wave generation［J］. Applied Physics Letters，2022，120(14)：143504.

［16］Wan X，Chen T Y，Zhang Q，et al. Manipulations of Dual Beams with Dual Polarizations by Full-Tensor Metasurfaces［J］. Advanced Optical Materials，2016，4(10)：1567-1572.

第6章

［1］Stutzman W L，Thiele G A. Antenna theory and design［M］. Hoboken：John Wiley & Sons，2012.

[2] Luke Y L. Integrals of Bessel functions［M］. New York：McGraw-Hill，1962.

[3] Kou N，Yu S. Low Sidelobe Orbital Angular Momentum Vortex Beams Based on Modified Bayliss Synthesis Method for Circular Array［J］. IEEE Antennas and Wireless Propagation Letters，2022，21(5)：968-972.

[4] 王元明. 工程数学：数学物理方程与特殊函数［M］. 3 版. 北京：高等教育出版社，2004.

[5] Bayliss E T. Design of monopulse antenna difference patterns with low sidelobes ［J］. The Bell System Technical Journal，1968，47(5)：623-650.